茶风雅韵

◎ 主审　石兆胜

◎ 主编　王　芳　　封安青　宋昱辰

北京理工大学出版社

BEIJING INSTITUTE OF TECHNOLOGY PRESS

图书在版编目（CIP）数据

茶风雅韵 / 王芳，封安青，宋昱辰主编 . —北京：北京理工大学出版社，2020.7（2022.8重印）

ISBN 978-7-5682-8738-8

Ⅰ . ①茶… Ⅱ . ①王… ②封… ③宋… Ⅲ . ①茶文化-中国-通俗读物 Ⅳ . ①TS971.21-49

中国版本图书馆 CIP 数据核字（2020）第 128181 号

出版发行 / 北京理工大学出版社有限责任公司

社　　址 / 北京市海淀区中关村南大街 5 号

邮　　编 / 100081

电　　话 /（010）68914775（总编室）

　　　　　（010）82562903（教材售后服务热线）

　　　　　（010）68948351（其他图书服务热线）

网　　址 / http://www.bitpress.com.cn

经　　销 / 全国各地新华书店

印　　刷 / 唐山富达印务有限公司

开　　本 / 710 毫米×1000 毫米　1/16

印　　张 / 14

字　　数 / 192 千字

版　　次 / 2020 年 7 月第 1 版　2022 年 8 月第 2 次印刷

定　　价 / 34.80 元

责任编辑 / 徐艳君

文案编辑 / 徐艳君

责任校对 / 周瑞红

责任印制 / 施胜娟

茶风雅韵

前　言

　　中国是茶的故乡，也是世界上最早种植和利用茶的国家。茶，伴随着古老的中华民族走过了漫长的岁月。打开中国5000年的文明发展史，几乎每一页都可以闻到茶的清香。

　　千百年来，中国创造了最为丰富多彩的茶文化。伴随"发乎于神农，闻于鲁周公，兴于唐而盛于宋"的过程，茶文化也经历了秦汉的启蒙、魏晋南北朝的萌芽、唐代的确立、宋代的兴盛和明清的普及等各个阶段。茶文化与宗教情操、艺术修养、社会生活融为一体，形成了一种和睦邻里，提升人品，为广大民众喜闻乐见的饮茶艺术，积淀成了中华民族上下五千年的精神特质与文化内涵。

　　弘扬中华优秀传统文化，使之"进学校、进课堂、进头脑"，中职学校有责任开发中国丰富多彩的茶文化课程，引导学生学习茶文化，掌握一定的茶艺技术，陶冶情操、提高自身修养，并努力使之成为中华优秀文化的传承者、发扬者。

　　本书立足满足茶专业教学需要，面向学校和社会，传承传统茶文化知识，从而激发爱国情怀，达到"和""静""怡""真"的思想境界。

　　本书在编写上尊重人的阅读习惯和认知规律，避免生硬的灌输和说教；在知识的选择上也充分尊重中职生的学情，"以故事启蒙、以知识传技、以文化融汇"，通篇章节清晰，脉络流畅，主题突出，引人入胜，发人深省，美美与共，让每一位阅读者都能够正确地认识中国传统茶文化之美，并从中品味美，最终学会创造美。

　　本书由青岛市黄岛区职业中等专业学校王芳、封安青，西北农林科技大学宋昱辰担任主编。青岛市黄岛区职业中等专业学校魏均志、宋伟珺、韩加增、李银波，山东交通职业学院王心担任副主编。参与编写工作的还有青岛市教科院刘其伟、张宪、兰晓青，西安科技大学任昊，烟台大学魏冰洁，青

【1】

岛西海岸新区第四初级中学徐文科，青岛市黄岛区职业中等专业学校吕春江、李永青、孙伟、李霞、王艳葵、徐春莹、葛秀香、徐晓玲，青岛西海岸新区第五中学丁昌芹，青岛西海岸新区第七初级中学袁学山，青岛昊源兴建筑工程有限公司总经理任德刚，青岛龙马农产品专业合作社董事长丁连国。

　　因编者能力有限，不妥之处敬请读者指正。

目 录

知识篇

技能篇

人生篇

茶风雅韵

【2】

知识篇

第一章　茶史觅踪

茶，是中华民族的举国之饮。发于神农，闻于鲁周公，兴于唐朝，盛于宋代。中国茶文化糅合了中国儒、道、佛诸派思想，独成一体，是中国文化中的一朵奇葩，芬芳而甘醇。

【茶闻趣事】

茶的发现

据茶史考证，最早利用茶的为神农氏——"神农尝百草，日遇七十二毒，得荼而解之"。

传说神农有一个水晶般透明的肚子，吃下什么东西，人们都可以从他的胃肠看得清清楚楚。那时候的人，吃东西都是生吞活剥的，因此经常闹病。神农为了解除人们的疾苦，决心利用自己特殊的肚子把看到的植物都尝试一遍，看看这些植物在肚子里的变化，判断哪些无毒，哪些有毒。有一天，神农尝到了一种有毒的草，顿时感到口干舌麻，头晕目眩，他赶紧找一棵大树背靠着坐下，闭目休息。这时，一阵风吹来，树上落下几片绿油油的带着清香的叶子，神农随

后拣了两片放在嘴里咀嚼，没想到一股清香油然而生，顿时感觉舌底生津，精神振奋，刚才的不适一扫而空。他感觉这叶子在肚子里从上到下，从下到上，到处流动洗涤，好似在检查什么，把肠胃洗涤得干干净净，于是他就把这种绿叶称为"查"。后来人们又把"查"叫成"茶"。这就是茶的最早发现。此后茶树渐被发掘、采集和引种，茶叶被人们用作药物，供作祭品，当作菜食和饮料。

第一节　茶文化简史

中国是发现与利用茶叶最早的国家，至今已有数千年的历史。茶树原产于中国的西南部，云南等地至今仍生存着树龄达千年以上的野生大茶树。据历史的记载，四川、湖北一带的古代巴蜀地区是中华茶文化的发祥地。从唐代、宋代至元、明、清时期，茶叶生产区域不断扩大，茶文化不断发展，并逐渐传播至世界各地。茶，这一古老的饮料，为人类的文明与进步作出了积极的贡献。

从广义上讲，茶文化分茶的自然科学和茶的人文科学两方面，是人类社会历史实践过程中所创造的与茶有关的物质财富和精神财富的总和。从狭义上讲，茶文化着重于茶的人文科学，主要指茶对人类精神和社会发展的功能。由于茶的自然科学已形成独立的体系，因而，现在常讲的茶文化偏重于人文科学。

一、三国以前的茶文化启蒙

很多书籍把茶的发现时间定为公元前 2737—公元前 2697 年，其历史可追溯到三皇五帝时期。东汉华佗《食经》中有"苦茶久食益意思"，记录了茶的医学价值。西汉将茶的产地县命名为"茶陵"，即湖南的茶陵。三国时期魏国的《广雅》最早记载了饼茶的制法和饮用："荆巴间采叶作饼，叶老者，饼成以米膏出之。"茶以物质形式出现而渗透至其他人文科学中，从而形成茶文化。

二、两晋南北朝茶文化的萌芽

随着文人饮茶之风兴起，有关茶的诗词歌赋日渐问世，茶已经脱离一般形态的饮食走入文化圈，起着一定的精神、社会作用。两晋南北朝时期，门阀制度业已形成，不仅帝王、贵族聚敛成风，一般官吏乃至士人皆以夸豪斗富为荣。在此情况下，一

晋代茶盏

些有识之士提出"养廉"的主张，于是出现了陆纳、桓温以茶代酒之举。南

茶风雅韵

【5】

齐世祖武皇帝是一个比较开明的帝王，他不喜游宴，死前下遗诏，死后丧礼要尽量节俭，不要以三牲为祭品，只放些干饭、果饼和茶饭便可以，并要求"天下贵贱，咸同此制"。在陆纳、桓温、齐武帝那里，饮茶已经不仅为了提神解渴，开始产生社会功用，成为待客、祭祀、表示精神情操的手段。茶已不完全是以其自然使用价值为人所用，而是开始进入了精神领域。

魏晋南北朝时期，天下骚乱，各种文化思想交融碰撞，玄学流行。玄学是魏晋时期一种哲学思潮，主要是以老庄思想糅合儒家经义。玄学家大都是所

谓名士，重视门第、容貌、仪止，爱好虚无玄远的清谈。东晋、南朝时，江南的富庶使士人得到暂时的满足，他们终日流连于青山秀水之间，清谈之风继续发展，以致出现许多清谈家。最初清谈家多酒徒，后来，清谈之风渐渐发展到一般文人。酒能使人兴奋，但喝多了便会举止失措、有失雅观，而茶则可竟日长饮而始终清醒，令人思路清晰，心态平和。况且，对一般文人来讲，整天与酒肉打交道，经济条件也不允许。于是，许多玄学家、清谈家从好酒转向好茶。在他们那里，饮茶已经被当作精神现象来对待。

随着佛教传入、道教兴起，饮茶又与佛教、道教联系起来。在道家看来，茶是帮助炼"内丹"，升清降浊，轻身换骨，修成长生不老之体的好办法；在佛家看来，茶又是禅定入静的必备之物。尽管此时尚未形成完整的宗教饮茶仪式和阐明茶的思想原理，但茶已经脱离作为饮食的物态形式，开始具有显著的社会、文化功能。中国茶文化初见端倪。

三、隋唐茶文化的形成

在隋朝，全民普遍饮茶，多是认为对身体有益，于是初步形成中国茶文化。780 年，陆羽著《茶经》，这是唐代茶文化形成的标志。《茶经》系统总结了茶叶生产、饮用的经验，探讨了饮茶艺术，把儒、道、佛三教融入饮茶中，首创了

中国精行俭德的茶道精神。唐代文人都非常重视饮茶的精神享受和道德规范，而且非常讲究饮茶用具和煮茶艺术，可以说中国的茶道、茶艺从此产生。当时比屋皆饮的民间茶俗，乃至豪华隆重的皇室宫廷茶宴，以及文人的茶诗词与茶书画，都是茶文化形成与发展的集中表现。

《茶经》是一个里程碑。千百年来，历代茶人对茶文化的各个方面进行了无数次的尝试和探索，直至《茶经》诞生后茶方大行其道，因此它具有划时代的意义。

四、宋代茶文化的兴盛

到了宋代，茶叶生产进一步发展，饮茶更加普及，作为贡品的建州龙团凤饼更是花样翻新。宋徽宗赵佶著《大观茶论》，他是中国历史上唯一的一位亲自写茶书的皇帝。跟随其后的不少文人雅士也纷纷写诗作茶画。饮茶艺术也有了进一步的发展，"点茶"技艺进一步规范，"斗茶"之风盛行，佛门茶事兴旺，饮茶技艺也随着佛教的传播而迅速走出国门传至海外。

宋代斗茶图

在文人中出现了专业品茶社团，有官员组成的"汤社"、佛教徒组成的"千人社"等。宋太祖赵匡胤是一位嗜茶之士，在宫廷中设立茶事机关，宫廷用茶已分等级，茶仪已成礼制，赐茶已成皇帝笼络大臣、眷怀亲族的重要手段，有时还将茶赐给国外使节。至于下层社会，茶文化更是生机活泼，有人迁徙，邻里要"献茶"；有客来，要敬"元宝茶"；订婚时要"下茶"；结婚时要"定茶"；同房时要"合茶"。民间斗茶风起，带来了采制烹点的一系列变化。

宋人拓展了茶文化的社会层面和文化形式，茶事十分兴旺，但茶艺走向繁复、琐碎、奢侈，失去了唐代茶文化深刻的思想内涵，过于精细的茶艺淹没了茶文化的精神，失去了其高洁深邃的本质。在朝廷、贵族、文人那里，喝茶成了"喝礼儿""喝气派""玩茶"。

五、元明清茶文化的普及

此时已出现蒸青、炒青、烘青等各茶类，茶的饮用已改成"撮泡法"。明代不少文人雅士留有传世之作，如唐伯虎的《烹茶画卷》《品茶图》，文徵明的《惠山茶会图》《陆羽烹茶图》等。茶类增多，泡茶技艺有别，茶具的款式、质地、花纹千姿百态。到清朝，茶叶出口已成一种正式行业，茶书、茶事、茶诗不计其数。

散叶茶迅速发展，多茶类的结构逐步形成。泡茶用具也越来越讲究，工艺精巧的紫砂壶、盖碗瓷器茶具等也应运而生。客来敬茶、以茶待客风气更为普及。都市茶馆林立，利用茶馆休闲、谈生意已是平常事，茶馆文化教育得到发展。

六、现代茶文化的发展

（一）初兴阶段（1980—1989）

这是普及茶知识，宣传茶与健康的阶段。弘扬茶文化的目的是引导茶消费。中央电视台专设《为您服务》栏目介绍茶的知识，让广大群众了解茶，提倡饮茶。浙江农业大学教授庄晚芳先生与他人合编的《饮茶漫话》，全面系统地介绍了饮茶知识和茶文化的内容，是当时全国的第一本茶文化读物。1982 年，杭州

成立了第一个以弘扬茶文化为宗旨的社会团体——"茶人之家"，并出版了《茶人之家》（后改版为《茶博览》），是当时唯一的茶文化刊物，对推动茶文化的复兴起了重要作用。1988 年，庄晚芳先生提出倡导中国茶德"廉、美、和、静"四字原则，成为中国茶道的基本精神。

（二）复苏阶段（1990—1999）

为了弘扬茶文化，业内的民间社团纷纷组建。上海市茶叶学会在 1992 年成立了"少儿茶艺"，在小学中普及茶文化，将茶文化列入学生德、智、体、能的教育中，收到很好的效果。茶馆业在全国悄然兴起，更多的人群走出酒楼，走进淡雅清和的茶馆，寻求新的精神寄托。茶馆成为传播茶文化的重要窗口。

（三）发展阶段（2000年以后）

这一阶段是茶文化与构建和谐社会紧密融合的阶段。茶文化研究社团继续发展，各地大力发掘和整理深藏在民间的各种饮茶习俗和各种茶类的泡饮方法，茶艺培训工作展开。我国的茶艺表演开始向西方国家进军，引起了西方国家对中华茶文化的关注与兴趣。弘扬茶文化的各种刊物也应运而生。2004年，中国国际茶文化研究会会长刘枫先生适时提出倡导"茶为国饮"，将茶文化定位为"以茶会友、以茶清政、以茶修德"，赋予了茶文化更强大的生命力。

第二节　茶的种植史

目前，茶已成为风靡世界的三大无酒精饮料（茶叶、咖啡、可可）之一，饮茶嗜好者遍及全球，全世界已有50余个国家种茶。追根溯源，世界各国最初所饮的茶叶、引种的茶种，以及饮茶方法、栽培技术、加工工艺、茶事礼俗等，都是直接或间接地由中国传播出去的。中国是茶的发祥地，被誉为"茶的祖国"。考古学家已经在浙江杭州跨湖桥距今8000年前的新石器时代遗址中发现了熬汤的茶叶和完整的茶树籽。世界各国，凡提及茶事，无不与中国联系在一起。茶，是中华民族的骄傲。

茶在中国古代，最初是直接采摘野生鲜叶作药用，以后进而为饮用，并从利用野生茶树发展成为人工引种栽培。《华佗食经》说："（茶树）生益州川谷、山陵、道旁，凌冬不死，三月三日采。"古益州包括现在的四川和云南。据说东汉末年，诸葛亮南征时，士兵多病，后访问该地人民，以树叶冲开水饮用，减少了生病。这种树叶，就是现在云南西双版纳的茶树，

当地人称为"明树"，并称诸葛亮为"茶祖"。后来，饮茶之风从四川一带逐渐扩展开来，茶叶随之成为商品，茶树也向各地传播。到了唐朝，茶树栽培已扩展到长江流域及其南北各地，达十多个省区。茶叶的收入，已成为封

建王朝的重要财源。

一、茶在国内的传播

中国茶叶的始发点在巴蜀。据文字记载和考证，在战国时期，巴蜀就已形成一定规模的茶区。顾炎武曾经指出，"自秦人取蜀而后，始有茗饮之事"，即认为中国的饮茶之风，是秦灭掉巴蜀之后才慢慢传播开来的。也就是说，中国和世界的茶叶文化，最初是在巴蜀发展为业的。

关于巴蜀茶业在我国早期茶业史上的突出地位，直到西汉成帝时王褒在招买书僮的《僮约》中规定："武阳买茶"（要到武阳买茶）、"烹茶尽具"（要把茶具洗干净才煮茶），才始见诸记载。前一句表明，茶叶已经商品化，出现了武阳一类的茶叶市场。茶沿长江而下，使长江中游或华中地区成为茶业中心。

秦汉统一中国后，茶业随巴蜀与各地经济文化交流而增强。茶的种植首先向东南部湘、粤、赣毗邻地区传播。

三国时，南方栽种茶树的规模和范围有很大的发展，而茶的饮用也更为广泛，流传到了北方豪门贵族。西晋时长江中游茶业的发展，还可以从西晋时期《荆州土地记》得到佐证。其中"武陵七县通出茶，最好"，说明荆汉地区茶业明显发展，此时巴蜀独冠全国的优势，似已不复存在。

东晋南北朝时期，长江下游和东南沿海茶业迅速发展。西晋南渡之后，北方豪门过江侨居，建康（今南京）成为我国南方的政治中心。这一时期，上层社会崇茶之风盛行，使得南方尤其是江东茶文化有了较大发展，并促进了茶业向东南推进。这一时期，我国东南植茶，由浙西进而扩展到了现今温州、宁波沿海一线。不仅如此，如《桐君录》所载，"西阳、武昌、晋陵皆出好茗"。晋陵即常州，其茶出自宜兴。这表明东晋和南朝时，长江下游宜兴一带的茶业，名气逐渐大起来。同时，两晋之后，茶业重心东移的趋势，更加明显化。

唐朝中期后，长江中下游地区成为中国茶叶的生产和技术中心。如《膳夫经手录》所载："今关西、山东，闾阎村落皆吃之，累日不食犹得，不得一日无茶。"中原和西北少数民族地区，都嗜茶成俗，于是南方茶的生产，随之蓬勃发展起来。尤其是与北方交通便利的江南、淮南茶区，茶的生产更是得到了快速发展。长江中下游茶区，不仅茶产量大幅度提高，而且茶种植技术也达到了当时的最高水平。这种高水准的结果，使湖州紫笋和常州阳羡茶成为贡茶。茶叶生产技术中心，正式转移到了长江中下游。

江南茶叶生产，集一时之盛。史料记载，安徽祁门周围，千里之内，各地种茶，山无遗土，业于茶者无数。现在赣东北、浙西和皖南一带，在唐代时，茶业确实有一个特大的发展。同时由于贡茶设置在江南，大大促进了江南制茶技术的提高，也带动了全国各茶区的生产和发展。

宋代茶业重心由东向南移。五代至宋初，中国东南及华南的茶业得到了更加迅速的发展，并逐渐取代长江中下游茶区成为宋朝茶业的重心。主要表现在贡茶从顾渚紫笋改为福建建安茶，唐时还不曾形成气候的闽南和岭南一带的茶业，明显地活跃和发展起来。宋朝茶业重心南移的主要原因是气候的变化，江南早春茶树因气温降低，发芽推迟，不能保证茶叶在清明节前进贡到京都。福建气候较暖，如欧阳修所说"建安三千里，京师三月尝新茶"。作为贡茶，建安茶的采制，成为中国团茶、饼茶制作的主要技术中心，带动了闽南和岭南茶区的崛起和发展。

由此可见，到了宋代，茶已传播到全国各地。宋代的茶区，基本上已与现代茶区范围相符。明清以后，只是茶叶制法和各类茶兴衰的演变问题了。

二、茶向国外的传播

茶叶是中国传统的出口商品。1610 年，荷兰人首先从中国运茶到欧洲，当地人对茶叶惊叹不已，认为是"灵草"，是"能治百病的药"，甚至把茶叶看成"贡熙"，是进贡给皇帝的佳品。销往欧洲的茶叶虽然价钱昂贵，但是当地人只要能买到中国茶叶，"其价几何，在所不惜"。某些外国文学作品也有提及中国茶的片段，如意大利作家李达斯达觉于 1735 年在维也纳创作的《中国女子》一剧中，就有人们一边饮中国茶，一边观看欧洲戏剧的情节。

中国不但出口茶叶，而且向很多国家提供了茶树或茶籽。远在9世纪初，日本最澄禅师到中国留学，便将中国茶籽带回日本，首先种植在近江台鼓地区，以后就普遍引种了。现在世界上产茶居首位的印度，也是在1780年从广州运去茶籽后才开始种植的。后来，印尼、锡兰（今斯里兰卡）和俄国（今俄罗斯）等国家，相继从中国引种了茶树。当今世界上各国的"茶"的名称，都源出汉语，有的是广东话的读音"Cho"或是厦门方言的读音"De"。俄语的"Chat"（茶）字，是由中国北方音"茶叶"两字转变的；英国和美国的"Tea"（茶）字，就是厦门话"茶"（De）字的读音；日语的茶字的书写法和汉字的"茶"一样；茶树最早的学名——Thea sinensis 即是"中国茶"之意。

第三节　茶的加工史

中国制茶历史悠久，自发现野生茶树，从生煮羹饮，到饼茶散茶，从绿茶到多茶类，从手工操作到机械化制茶，其间经历了复杂的变革。三国时代魏国张辑在《广雅》中已有生叶制成饼茶的记载；唐宋产茶趋兴，发明了"蒸""焙"制茶法，制茶技艺日益提高。到了明代，采制技术进一步革新，出现了薰花茶，制法由晒青、烘青变为炒青，同时改碾为揉，改研膏团茶为条形散茶。茶叶的外形、内质为之一变，为中国绿茶制作的发展开创了新的途径。18世纪乌龙茶演变为工夫红茶，以后又创造了不少其他制法，各地名茶品种层出不穷，使中国成为世界上茶叶款色品种最丰富的国家。

一、从生煮羹饮到晒干收藏

茶之为用，最早从咀嚼茶树的鲜叶开始，继而发展到生煮羹饮。生煮者，类似现代的煮菜汤。如云南基诺族至今仍有吃"凉拌茶"习俗，鲜叶揉碎放碗中，加入少许黄果叶、大蒜、辣椒和盐等作配料，再加入泉水拌匀。茶作羹饮，有《晋书》记"吴人采茶煮之，曰茗粥"，甚至到了唐代，仍有吃茗粥的习惯。

三国时，魏国已出现了茶叶的简单加工，采来的叶子先做成饼，晒干或烘干，这是制茶工艺的萌芽。

二、从蒸青造型到龙凤团茶

初步加工的饼茶仍有很浓的青草味，经反复实践，发明了蒸青制茶，即将茶的鲜叶蒸后碎制，饼茶穿孔，贯串烘干，去其青气。但仍有苦涩味，于是又通过洗涤鲜叶，蒸青压榨，去汁制饼，使茶叶的苦涩味大大降低。

自唐至宋，贡茶兴起，成立了贡茶院，即制茶厂，组织官员研究制茶技术，从而促使茶叶生产不断改革。

唐代蒸青作饼已经逐渐完善，陆羽的《茶经·之造》记述："晴，采之。蒸之，捣之，拍之，焙之，穿之，封之，茶之干矣。"即此时完整的蒸青茶饼制作工序为：蒸茶、解块、捣茶、装模、拍压、出模、列茶晾干、穿孔、烘焙、成穿、封茶。

宋代，制茶技术发展很快，新品不断涌现。北宋年间，做成团片状的龙凤团茶盛行。宋代《宣和北苑贡茶录》记述："宋太平兴国初，特置龙凤模，遣使即北苑造团茶，以别庶饮，龙凤茶盖始于此。"

龙凤团茶的制造工艺，据宋代赵汝励《北苑别录》记述，有六道工序：蒸茶、榨茶、研茶、造茶、过黄、烘茶。茶芽采回后，先浸泡水中，挑选匀整芽叶进行蒸青，蒸后冷水清洗，然后小榨去水，大榨去茶汁，去汁后置瓦盆内兑水研细，再入龙凤模压饼、烘干。

龙凤团茶的工序中，冷水快冲可保持绿色，提高了茶叶质量，而水浸和榨汁的做法，由于夺走真味，使茶香极大损失，且整个制作过程耗时费工，这些均促使了蒸青散茶的出现。

三、从团饼茶到散叶茶

在蒸青团茶的生产中，为了改善苦味难除、香味不正的缺点，逐渐采取蒸后不揉不压，直接烘干的做法，将蒸青团茶改造为蒸青散茶，保持茶的香味，同时还出现了对散茶的鉴赏方法和品质要求。

这种改革出现在宋代。《宋史·食货志》载："茶有两类，曰片茶，曰散茶。"片茶即饼茶。元代王桢在《农书·卷十·百谷谱》中，对当时制蒸青散茶工序有详细记载："采讫，一甑微蒸，生熟得所。蒸已，用筐箔薄摊，乘湿揉之，入焙，匀布火，烘令干，勿使焦。"

由宋至元，饼茶、龙凤团茶和散茶同时并存，到了明代，由于明太祖朱元璋于1391年下诏，废龙团兴散茶，蒸青散茶大为盛行。

四、从蒸青到炒青

相比于饼茶和团茶，茶叶的香味在蒸青散茶得到了更好的保留，然而，使用蒸青方法，依然存在香味不够浓郁的缺点，于是出现了利用干热发挥茶叶优良香气的炒青技术。

炒青绿茶自唐代已有之。唐刘禹锡在《西山兰若试茶歌》中言"山僧后檐茶数丛……斯须炒成满室香"，又有"自摘至煎俄顷余"之句，说明嫩叶经过炒制而满室生香，且炒制时间不长。这是至今发现的关于炒青绿茶的最早文字记载。

经唐、宋、元代的进一步发展，炒青茶逐渐增多，到了明代，炒青制法日趋完善，在《茶录》《茶疏》《茶解》中均有详细记载。其制法大体为：高温杀青、揉捻、复炒、烘焙至干，这种工艺与现代炒青绿茶制法非常相似。

五、从绿茶发展至其他茶类

在制茶的过程中，由于注重确保茶叶香气和滋味的探讨，通过不同加工方法，从不发酵、半发酵到全发酵一系列不同发酵程序所引起茶叶内质的变化，探索到了一些规律，从而使茶叶从鲜叶到原料，通过不同的制造工艺，制成各类色、香、味、形品质特征不同的六大茶类，即绿茶、黄茶、黑茶、白茶、红茶、青茶。

（一）黄茶的产生

绿茶的基本工艺是杀青、揉捻、干燥。当绿茶炒制工艺掌握不当，如炒青杀青温度低，蒸青杀青时间长，或杀青后未及时摊凉揉捻，或揉捻后未及时烘干炒干，堆积过久，使叶子变黄，产生黄叶黄汤，类似于后来出现的黄茶。因此，黄茶的产生可能是从绿茶制法不当演变而来的。明代许次纾的《茶疏》（1597年）记载了这种演变历史。

（二）黑茶的出现

绿茶杀青时叶量过多，火温低，使叶色变为近似黑色的深褐绿色，或以绿毛茶堆积后发酵，渥成黑色，这是产生黑茶的过程。黑茶的制造始于明代中叶。明御史陈讲的奏疏中提及了黑茶（1524年）："以商茶低伪，征悉黑茶。地产有限……"

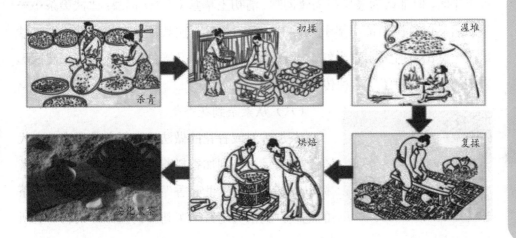

（三）白茶的由来和演变

唐宋时所谓的白茶，是指偶然发现的白叶茶树采摘而成的茶，与后来发展起来的不炒不揉而成的白茶不同。到了明代，出现了类似现在的白茶。田艺蘅在《煮泉小品》中记载："茶者以火作者为次，生晒者为上，亦近自然……清翠鲜明，尤为可爱。"

现代白茶是从宋代绿茶三色细芽、银丝水芽开始逐渐演变而来的。最初是指干茶表面密布白色茸毫、色泽银白的"白毫银针"，后来经发展又产生了白牡丹、贡眉、寿眉等其他花色。

（四）红茶的产生和发展

红茶起源于 16 世纪。在茶叶制造发展过程中，发现日晒代替杀青，揉捻后叶色变红而产生了红茶。最早的红茶生产从福建崇安的小种红茶开始。清代刘靖《片刻余闲集》中记述"山之第九曲处有星村镇，为行家萃聚。外有本省邵武、江西广信等处所产之茶，黑色红汤，土名江西乌，皆私售于星村各行"。自星村小种红茶出现后，逐渐演变产生了工夫红茶。20 世纪 20 年代，印度发展出将茶叶切碎加工的红碎茶，中国于 20 世纪 50 年代也开始试制红碎茶。

（五）青茶的起源

青茶介于绿茶、红茶之间，先绿茶制法，再红茶制法，从而悟出了青茶制法。青茶的起源，学术界尚有争议，有的推论出现在北宋，有的推定于清咸丰年间，但都认为最早在福建创制。清初王草堂《茶说》记载："武夷茶……茶采后，以竹筐匀铺，架于风日中，名曰晒青，俟其青色渐收，然后再加炒焙……烹出之时，半青半红，青者乃炒色，红者乃焙色也。"现在福建武夷岩茶的制法仍保留了这种传统工艺的特点。

（六）从素茶到花香茶

茶加香料或香花的做法已有很久的历史。宋代蔡襄《茶录》提到加香料茶"茶有真香，而入贡者微以龙脑和膏，欲助其香"。南宋已有茉莉花焙茶的记载，施岳《步月·茉莉》词注："茉莉岭表所产……古人用此花焙茶。"

到了明代，窨花制茶技术日益完善，且可用于制茶的花品种繁多，据《茶谱》记载，有桂花、茉莉、玫瑰、蔷薇、兰蕙、橘花、栀子、木香、梅花九种之多。现代窨制花茶，除了上述花种，还有白兰、玳瑁、珠兰等。

由于制茶技术不断改革，各类制茶机械相继出现，先是小规模手工作业，接着出现各道工序机械化。如今，除了少数名贵茶仍由手工加工，绝大多数茶叶的加工均采用了机械化生产。

第四节 茶的品饮史

大约从秦汉时代起，茶叶逐渐成为日常饮品。2000 多年来，茶的饮用方式经历了多次变革。从大的方面来说，有羹饮、煮茶、点茶和撮泡四个阶段。

一、秦汉魏晋的羹饮

自秦汉至魏晋南北朝漫长的 800 多年间，茶的饮用采取混煮羹饮的方法。三国时期魏国的张揖在《广雅》中记述："荆巴间采叶作饼，叶老者，饼成以米膏出之。欲煮茗饮，先炙令赤色，捣末，置瓷器中，以汤浇覆之，用葱、姜、橘子芼之。"到三国时期已制成紧压的饼茶，如采摘较粗老的叶子，再添加米汤黏合成形。煮茶有了一定的规范，先把饼茶在火上炙烤至呈红色，捣成茶末，然后放入瓷器中，倒入煮沸的水，再与葱、姜、橘皮等拌和后饮用。这种混煮成羹的茶饮料在西晋的文献中又被称为"茶粥"。傅咸（239—294）在《司隶教》中记述蜀妪卖茶粥的"南市"是在河南洛阳。由此可见，饮用混煮成羹的"茶粥"的风俗，晋时已从巴蜀一带扩展至中原地区。

二、唐代的煮茶

唐代是饮饼茶的时代，主流的饮法仍然是煮来喝，但不再加调料混煮，而是提倡清饮，只加适量的盐。饮茶煎煮的步骤是先炙茶，再碾末，然后煮水，煎茶。同时开始讲究泡茶的方式与顺序，也开始重视周边器具、环境与用

南宋·刘松年《撵茶图》

水。陆羽在《茶经》中论及泡茶烧水有三沸："其沸，如鱼目，微有声，为一沸；缘边如涌泉连珠，为二沸；腾波鼓浪，为三沸。以上水老不可食也。"方法是先将饼茶碾碎待用，然后开始煮水，将好水置于釜中，以炭火烧开，但不能全沸。水烧到开始出现有如鱼眼般的水珠，微微有声，便加入茶末，让茶水交融。二沸时边缘出现如泉涌，连连成珠的沫饽，沫为细小茶花，饽为大花，皆为茶之精华。此时将沫饽杓出，置于熟盂之中备用。继续烧煮，当茶水有如波浪般的翻滚奔腾时，称为三沸。此时将二沸时盛出之沫饽浇入釜中，称为"救沸""育华"。待精华均匀，茶汤便好了。煮茶的水与茶，视人数多寡而严格量入，这就是唐代茶艺的精髓。

三、宋代的点茶

宋代点茶与唐时煮茶最大的不同是煮水不煮茶，茶不再投入锅里煮，而是用沸水在盏里冲点。先将饼茶碾碎，置碗中待用。以釜烧水，微沸初漾时即冲点入碗。但茶末与水亦同样需要交融一体。于是发明一种工具，称为"茶筅"。茶筅是打茶的工具，有金、银、铁制，大部分用竹制，文人美其名曰"搅茶公子"。水冲入茶碗中，以茶筅拼命用力打击，就会慢慢出现泡沫。茶的优劣，以沫饽出现是否快、水纹露出是否慢来评定。沫饽洁白，水脚晚露而不散者为上。因茶乳融合，水质浓稠，饮下去盏中胶着不干，称为"咬盏"。茶人以此较胜负，胜者如将士凯旋，败者如降将垂首。点茶法直到元代尚盛行，只是不用饼茶，而直接用备好的茶叶碾末。

四、明清以来的撮泡法

中国饮茶到了明代，可以说是焕然一新。穷极工巧的龙凤团茶被条形散茶所替代，从碾磨成末冲点而饮，变革为沸水直接冲泡散茶而饮，开创了撮泡法。

明洪武二十四年（1391年），明太祖朱元璋为减轻茶农的劳役，下诏令："岁贡上贡茶，罢造龙团，听茶户惟采芽茶以进。"这里所说的芽茶，实际上就是唐宋时代已有的草茶、散茶。明太祖下诏贡茶也按散茶制作，这在茶叶采制和品饮方法上是一次具有划时代意义的改革。明代撮泡法的推行，得力于明太祖朱元璋对贡茶制度的改革。

明代泡茶法虽比唐人煮茶、宋人点茶要简化便捷不少，但要泡好茶仍有许多讲究。

（一）火候

泡茶之水要以猛火急煮。煮水应选坚木炭，切忌用木性未尽尚有余烟的，"烟气入汤，汤必无用"。煮水时，先烧红木炭，"既红之后，乃授水器，仍急扇之，愈速愈妙，毋令停手。停过之汤，宁弃再煮。"

（二）选具

泡茶的壶杯以瓷器或紫砂为宜。茶壶主张小，"小则香气氤氲，大则易于散漫。大约及半升，是为适可。独自斟酌，愈小愈佳。"

（三）荡涤

泡茶所用汤铫壶杯要干净。"每日晨起，必以沸汤荡涤，用极熟黄麻巾向内拭干，以竹编架，覆而庋之燥处，烹时随意取用。修事既毕，汤铫拭去余沥，仍覆原处。"放置茶具的桌案也必须干净无异味，"案上漆气食气，皆能败茶。"

（四）烹点

泡茶时，"先握茶手中，俟汤既入壶，随手投茶汤，以盖覆定。三呼吸时，次满倾盂内，重投壶内，用以动荡香韵，兼色不沉滞。更三呼吸顷，以定其浮薄。然后泻以供客。则乳嫩清滑，馥郁鼻端投。"次序应是：先称量茶叶，待水烧滚后，即投茶于壶中，随手注水于壶，先注少量水，以温润茶叶，然后再注满。第二次注水要"重投"，即高冲，以加大水的冲击力。

（五）饮

细嫩绿茶一般冲泡三次。"一壶之茶，只堪再巡。初巡鲜美，再则甘醇，三巡意欲尽矣。"第三巡茶如不喝，可以留着，饭后供漱口之用。

茶文字的演变与雅称

在古代史料中，茶的名称很多，如：荈诧、瓜芦木、荈、皋芦、槚、荼、茗等，但"茶"是正名，"茶"字在中唐之前一般都写作"荼"字。"荼"字有一字多义的性质，表示茶叶，是其中一项。由于茶叶生产的发展，饮茶的普及程度越来越高，"荼"字的使用频率也越来越高，因此，民间的书写者，为了将茶的意义表达得更加清楚、直观，就把"荼"字减去一画，成了现在我们看到的"茶"字。"茶"字从"荼"中简化出来的萌芽，始发于汉代，古汉印中，有些"荼"字已减去一笔，成为"茶"字之形了。到了中唐时，茶的音、形、义已趋于统一。后来，又因陆羽《茶经》的广为流传，"茶"的字形进一步得到确立，直至今天。

据古籍记载，茶还有水厄、过罗、物罗、选、姹、葭荼、苦荼、酪奴等称呼。茶的雅号也很多，奇妙非常，脍炙人口，见诸文字记载者，诸如：不夜侯、涤烦子、消毒臣、余甘氏、清友等。

不夜侯。晋代张华在《博物志》中说："饮真茶令人少睡，故茶别称不夜侯，美其功也。"五代胡峤在饮茶诗中赞道："破睡当封不夜侯。"

涤烦子。唐代的《唐国史补》载："常鲁公（即常伯熊，唐代煮茶名士）随使西番，烹茶帐中。赞普问：'何物？'曰：'涤烦疗渴，所谓茶也。'因呼茶为涤烦子。"唐代施肩吾诗云："茶为涤烦子，酒为忘忧君。"饮茶，可洗去心中的烦闷，历来备受赞咏。

消毒臣。据唐代《中朝故事》记载，唐武宗时李德裕说天柱峰茶可以消酒肉毒，曾命人煮该茶一瓯，浇于肉食内，用银盒密封，过些时候打开，其肉已化为水，因而人们称茶为消毒臣。唐代曹邺饮茶诗云："消毒岂称臣，德真功亦真。"

清风使。据《清异录》载，五代时，有人称茶为清风使。唐代卢仝的茶歌中也有饮到七碗茶后"惟觉两腋习习清风生，蓬莱山，在何处，玉川子，乘此清风欲归去"之句。

余甘氏。宋代李郛《纬文琐语》说："世称橄榄为余甘子，亦称茶为余甘子。因易一字，改称茶为余甘氏，免含混故也。"五代胡峤在饮茶诗中，也说："沾牙旧姓余甘氏。"

清友。宋代苏易简《文房四谱》载有"叶嘉，字清友，号玉川先生。清友，谓茶也"。唐代姚合品茶诗云："竹里延清友，迎风坐夕阳。"

甘侯。故事出自唐代孙樵的《与焦刑部书》。该书有一段记载："晚甘侯十五人，遣侍齐阁。此徒皆请雷而坼，拜水而和，盖建阳丹山碧水之乡，月涧龙之品，慎勿用之。"

森伯。出自五代汤悦的"森伯颂"。《清异录》上说："汤悦有《森伯颂》，盖茶也。方饮而森然严乎齿牙，既久而罡肢森然。二义一名，非熟夫汤瓯境界，谁能目之。"

碧霞。这是对茶的美喻。元耶律楚材《西域从王君玉乞茶因其韵七首》："红炉石鼎烹团月，一碗和香吸碧霞。"

叶嘉。陆羽《茶经》开篇写道："茶者，南方之嘉木也。"嘉木生嘉叶，又因茶之用于世者主要在叶，故取茶别名为"叶嘉"。

随着名茶的出现，往往以名茶之名代称，如"龙井""乌龙""毛峰""大红袍""肉桂""铁罗汉""水金龟""白鸡冠""雨前"等。茶称谓极多，美不胜收。

【故乡的茶】

黄岛海青茶

黄岛茶历史悠久，大珠山石门寺有一首石刻诗文为证。很久以前，附近一位山民在大珠山中，偶然发现一块巨石，五六米长、三四米宽，上面明显刻着几行字，竟是描写茶的一首诗："苍蔼寒山深，有人乃在此。一杯复一炉，煮茗溪光里。"原来，早在明清时期，石门寺院就有野山茶树栽植，僧人以此茶为原

料制作"石门茶",品之清香高雅,颇受文人雅士们喜爱,常常聚在寺院旁的石门涧品茗,并以石刻方式留下上面这首出自明代文人王无竟的优美诗文。

　　早在 2000 多年前黄岛区即有零星茶园和茶树。"海青"最早为古代海州至青州的一处必经驿站,故名海青。民间传说这里的茶树是由北宋诗人苏轼调任密州(今山东诸城,毗邻黄岛)期间,从眉州(今四川)引种至密州,后由密州传至琅琊郡(今黄岛一带)。

　　1966年,"南茶北引",黄岛区海青镇开始从安徽祁门引进槠叶群体品种并规模化种植,成就了海青"小江南"的韵致,成为江北生长时间最久、面积最大的绿茶基地。翠龙山上的层层茶垄,是已经被证实的中国纬度最高的茶园。一方水土一方茶,由于海青镇独特的地理条件,南茶落户后吸收了本地的地理特征,有了更加独特和上乘的品质,并以"香似豌豆香、汤似小米汤"而著称。茶叶汤色相对南方茶比较浓,颜色又是偏黄绿色,营养成分又很高,所以被形象地称为小米汤。而豌豆香的由来很简单,海青茶入口细品有股淡淡的豌豆香,回甘也很快。

　　海青镇风景秀丽,拥有近似江南茶乡的优越气候和土壤条件,而且远离交通要道,没有任何"工业三废"污染源,生态环境保护良好。由于受海洋气候影响,春季多雾,冬无严寒,夏无酷暑,属暖温带湿润季风气候,光、热、水资源丰富。境内山地丘陵土壤呈微酸性,属黄棕壤土,含有丰富的有机质和微量元素,土壤颗粒较均匀,黏粒含量低,非常适宜茶叶生长。由于地处高纬度,海青茶树越冬期比南方长 1~2 个月,昼夜温差大,利于内含物的积累,含有丰富的维生素、矿物质和对人体有用的微量元素。这里生产的绿茶经中国茶叶专家测定,其中儿茶素和氨基酸的含量分别比南方茶同类产品高 13.7% 和 5.3%。独特的地理环境孕育出海青茶独特的品质,海青茶具有叶片厚、滋味浓、香气清、耐冲泡等特点。海青茶冲泡之黄绿透亮,色泽极佳;品尝之香郁味甘,回味悠长。富含氨基酸、茶多酚和多种维生素及微量元素,常饮能防病抗病,强身健体,益寿延年。

　　海青镇是山东省实施"南茶北引"最早的地区之一,曾作为全省的代表在全国茶叶会议上介绍南茶北引的经验,省内第一座茶厂就在海青。现有茶园面积约

3.5 万亩，年产干茶 260 万斤，产值 3.6 亿元，茶厂 200 余家，其中国家级示范合作社 3 家，省级示范社 3 家，市级示范合作社 9 家，市级农业产业化龙头企业 3 家。"海青茶"通过国家农产品地理标志登记认定，成为上合组织国家电影

节唯一指定用茶，成功入选全国名特优新农产品目录，被评为第三届青岛知名农产品区域公用品牌。"海青茶"研发了 20 大系列近 100 个茶叶品种，荣获全国"中茶杯"名优茶评比奖励产品 94 个，占新产品总数的 80%以上，迈入了全国名优茶行列："海青锋"牌绿茶获中国第二届农业博览会金奖，"青岛莲芯"牌和"海北春"牌绿茶获全国第六届"中茶杯"评比特等奖，"胶南春"牌绿茶被亚洲合作对话第三次外长会议指定为专用茶。海青镇成为山东省北茶科研中心命名的青岛地区唯一的"北茶科研基地"，出产的海青茶畅销全省及全国各大城市，并远销国外市场。

依托海青镇悠久的种茶历史和优美的茶竹风韵，本地茶打起了文化牌。除了每年举行品茶会、评比赛，结合旅游特色而举办的海青采茶节，结合现场采茶炒茶、茶农祭拜"茶圣"陆羽等活动，更是推动了农产品进军文化产品，文化产品结合旅游特色的良好循环。

【茶语人生】

茶与交友（节选）

林语堂

我以为从人类文化和快乐的观点论起来，人类历史中的杰出新发明，其能直接有力地有助于我们的享受空闲、友谊、社交和谈天者，莫过于吸烟、饮酒、饮茶的发明。这三件事有几样共同的特质：第一，它们有助于我们的社交；第二，这几件东西不至于一吃就饱，可以在吃饭的中

间随时吸饮；第三，都是可以借嗅觉去享受的东西。它们对于文化的影响极大，所以餐车之外另有吸烟车，饭店之外另有酒店和茶餐，至少在中国和英国，饮茶已经成为社交上一种不可少的制度。

烟、酒、茶的适当享受，只能在空闲、友谊和乐于招待之中发展出来。因为只有富于交友心、择友极慎、天然喜爱闲适生活的人士，方有圆满享受烟、酒、茶的机会。如将乐于招待心除去，这三种东西便变成毫无意义。享受这三件东西，也如享受雪月花草一般，须有适当的同伴。中国的生活艺术家最注意此点，例如：看花须和某种人为伴；赏景须有某种女子为伴；听雨最好须在夏日山中寺院内躺在竹榻上。总括起来说，赏玩一样东西时，最紧要的是心境。我们对每一种物事，各有一种不同的心境。不适当的同伴，常会败坏心境。所以生活艺术家的出发点就是：他如果想要享受人生，则第一个必要条件即是和性情相投的人交朋友，须尽力维持这友谊，如妻子要维持其丈夫的爱情一般，或如一个下棋名手宁愿跑一千里的长途去会见一个棋友一般。

一个人只有在神清气爽，心气平静，知己满前的境地中，方真能领略到茶的滋味。因为茶须静品，而酒则须热闹。茶之为物，其性能引导我们进入一个默想人生的世界。饮茶之时而有儿童在旁哭闹，或粗蠢妇人在旁大声说话，或自命通人者在旁高谈国事，即十分败兴，正如在雨天或阴天去采茶一般的糟糕。因为采茶必须在天气清明的清早，当山上的空气极为清新，露水的芬芳尚留于

叶上时，所采的茶叶方称上品。照中国人说起来，露水实在具有芬芳和神秘的功用，和茶的优劣很有关系。照道家的返自然和宇宙之能生存全恃阴阳二气交融的说法，露水实在是天地在夜间相融后的精英。至今尚有人相信露水为清鲜神秘的琼浆，多饮即能致人兽于长生。特昆雪所说的话很对，他说："茶永远是聪慧的人们的饮料。"但中国人则更进一步，而以它为风雅隐士的珍品。

因此，茶是凡间纯洁的象征，在采制烹煮的手续中，都须十分清洁。采摘烘焙，烹煮取饮之时，手上或杯壶中略有油腻不洁，便会使它丧失美味。所以也只有在眼前和心中毫无富丽繁华的景象和念头时，方能真正地享受它。

和妓女作乐时，当然用酒而不用茶。但一个妓女如有了品茶的资格，则她便可以跻于诗人文士所欢迎的妙人儿之列了。苏东坡曾以美女喻茶，但后来，另一个持论家，《煮泉小品》的作者田艺恒即补充说，如果定要以茶去比拟女人，则惟有麻姑仙子可做比拟。至于"必若桃脸柳腰，宜亟屏之销金幄中，无俗我泉石"。又说："啜茶忘喧，谓非膏粱纨绮可语。"

据《茶录》所说："其旨归于色、香、味，其道归于精、燥、洁。"所以如果要体味这些质素，静默是一个必要的条件，也只有"以一个冷静的头脑会看忙乱的世界"的人，才能够体味出这些质素。自从宋代以来，一般喝茶的鉴赏家认为一杯淡茶才是最好的东西，当一个人专心思想的时候，或是在邻居嘈杂、仆人争吵的时候，或是由面貌丑陋的女仆侍候的时候，常会很容易忽略了淡茶的美妙气味。同时，喝茶的友伴也不可多，"因为饮茶以客少为贵。客众则喧，喧则雅趣乏矣。独啜曰幽，二客曰胜，三四曰趣，五六曰泛，七八曰施。"

《茶疏》的作者说："若巨器屡巡，满中泻饮，待停少温，或求浓苦，何异农匠作劳，但需涓滴；何论品赏，何知风味乎？"

因为这个理由，因为要顾到烹时的合度和洁净，有茶癖的中国文士都主张烹茶须自己动手。如嫌不便，可用两个小童为助，烹茶须用小炉，烹煮的地点须远离厨房，而近在饮处。茶童须受过训练，当主人的面前烹煮。一切手续都须十分洁净，茶杯须每晨洗涤，但不可用布揩擦。童儿的两手须常洗，指甲中的污垢须剔干净。"三人之下，止若一炉，如五六人，便当两鼎炉，用一童，汤方调适，若还兼作，恐有参差。"

真正鉴赏家常以亲自烹茶为一种殊乐。中国的烹茶饮茶方法不像日本那么过分严肃和讲规则，而仍属一种富有乐趣而又高尚重要的事情。实在说起来，烹茶之乐和饮茶之乐各居其半。正如吃西瓜子，用牙齿咬开瓜子壳之乐和吃瓜子肉之乐实各居其半。

茶炉大都置在窗前，用硬炭生火。主人很郑重地扇着炉火，注视着水壶中的热气。他用一个茶盘，很整齐地装着一个小泥茶壶和四个比咖啡杯小一些的茶杯。再将贮茶叶的锡罐安放在茶盘的旁边，随口和来客谈着天，但并不忘了手中所应做的事。他时时顾着炉火，等到水壶中渐发沸声后，他就立在炉前不再离开，更加用力地扇火，还不时要揭开壶盖望一望。那时壶底已有小泡，名为"鱼眼"或"蟹沫"，这就是"初滚"。他重新盖上壶盖，再扇上几遍，壶中的沸声渐大，水面也渐起泡，这名为"二滚"。这时已有热气从壶口喷出来，主人也就格外地注意。到将届"三滚"，壶水已经沸透之时，他就提起水壶，将小泥壶里外一浇，赶紧将茶叶加入泥壶，泡出茶来。这种茶如福建人所饮的"铁观音"，大都泡得很浓。小泥壶中只可容水四小杯，茶叶占去其三分之一的容隙。因为茶叶加得很多，所以一泡之后即可倒出来喝了。这一道茶已将壶水用尽，于是再灌入凉水，放到炉上去煮，以供第二泡之用。严格地说起来，茶在第二泡时为最妙。第一泡譬如一个十二三岁的幼女，第二泡为年龄恰当的十六女郎，而第三泡则已是少妇了。照理论上说起来，鉴赏家认第三泡的茶为不可复饮，但实际上，享受这个"少妇"的人仍很多。

以上所说是我本乡中一种泡茶的实际素描。这个艺术是中国的北方人所不晓的。在中国一般的人家中，所用的茶壶大都较大。至于一杯茶，最好的颜色是青中带黄，而不是英国茶那样的深红色。

我们所描写的当然是指鉴赏家的饮茶，而不是像店铺中的以茶奉客。这种雅举不是普通人所能办到，也不是人来人往、论碗解渴的地方所能办到。《茶疏》的作者许次纾说得好："宾朋杂沓，止堪交钟觥筹，乍会泛交，仅须常品酬酢。惟素心同调，彼此畅适，清言雄辩，脱略形骸，始可呼童篝火，吸水点汤，量客多少，为役之烦简。"而《茶解》作者所说的就是此种情景："山堂夜坐，汲泉煮茗。至水火相战，如听松涛。倾泻入杯，云光潋滟。此时幽趣，故难与俗人言矣。"

凡真正爱茶者，单是摇摩茶具，已经自有其乐趣。蔡襄年老时已不能饮茶，但他每天必烹茶以自娱，即其一例。又有一个文士名叫周文甫，他每天自早至晚，必在规定的时刻自烹自饮六次。他极钟爱他的茶壶，死时甚至以壶为殉。

因此茶的享受、技术包括下列各节：第一，茶味娇嫩，茶易败坏，所以整治时，须十分清洁，须远离酒类香类一切有强味的物事，和身带这类气息的人；第二，茶叶须贮藏于冷燥之处，在潮湿的季节中，备用的茶叶须贮于小锡罐中，其余则另贮大罐，封固藏好，不取用时不可开启，如若发霉，则须在文火上微烘，一面用扇子轻轻挥动，以免茶叶变黄或变色；第三，烹茶的艺术一半在于择水，山泉为上，河水次之，井水更次，水槽之水如来自堤堰，因为本属山泉，所以很可用得；第四，客不可多，且须文雅之人，方能鉴赏杯壶之美；第五，茶的正色是青中带微黄，过浓的红茶即不能不另加牛奶、柠檬、薄荷或他物以调和其苦味；第六，好茶必有回味，大概在饮茶半分钟后，当其化学成分和津液发生作用时，即能觉出；第七，茶须现泡现饮，泡在壶中稍稍过候，即会失味；第八，泡茶必须用刚沸之水；第九，一切可以混杂真味的香料，须一概屏除，至多只可略加些桂皮或茌茌花，以合有些爱好者的口味而已；第十，茶味最上者，应如婴孩身上一般的带着"奶花香"。

据《茶疏》之说，最宜于饮茶的时候和环境是这样：

饮时：

心手闲适　披咏疲倦　意绪梦乱　听歌拍曲　歌罢曲终　杜门避事　鼓琴看画

夜深共语　明窗净几　佳客小姬　访友初归　风日晴和　轻阴微雨　小桥画舫　茂林修竹　课花赏鸟　荷亭避暑　小院焚香　酒阑人散　儿辈斋馆　清幽寺观　名泉怪石

宜辍：

作事　观剧　发书柬　大雨雪　长筵大席　翻阅卷帙　人事忙迫　及与上宜饮时相反事

不宜用：

恶水　敝器　铜匙　铜铫　木桶　柴薪　麸炭　粗童　恶婢　不洁巾帨

各色果实香药

不宜近：

阴室　厨房　市喧　小儿啼　野性人　童奴相哄　酷热斋舍

【我与茶行】

1. 拿起手中的笔、相机，采访一下亲朋好友，记录并汇总他们对茶的认识并上传至课程网站，大家一起分享。

2. 想想我们作为茶文化的继承者，应该做些什么？

第二章　茶风茶俗

　　中国是世界茶叶的故乡，种茶、制茶、饮茶有着悠久的历史。中国又是一个幅员辽阔、民族众多的国家，生活在这个大家庭中的各族人民有着各种不同的饮茶习俗，真可谓"历史久远茶故乡，绚丽多姿茶文化"。

【茶间趣事】

"碧螺春"的美丽传说

传说在很早以前，西洞庭山上住着一个名叫碧螺的美丽姑娘。姑娘有一副清亮圆润的嗓子，十分喜爱唱歌。她的歌声像甘泉，给大家带来欢乐，大家十分喜爱她。与西洞庭山隔水相望的东洞庭山有一个叫阿祥的小伙子。阿祥在打鱼路过西洞庭山时，常常听见碧螺姑娘那优美动人的歌声，也常常看见她在湖边结网的情形，心里深深地爱上了她。

这时，太湖中出现了一条恶龙，它看中了碧螺的美貌，要碧螺姑娘作它的妻子，如果不答应，它就要行凶作恶，让太湖人民不得安宁。阿祥下决心要杀死恶龙。他手持鱼叉，潜到湖底，和恶龙展开了激烈的搏斗，最后，阿祥杀死了恶龙，但自己也因流血过多昏过去了。

乡亲们把为民除害的阿祥抬回家后，阿祥的病情一天天恶化，碧螺十分伤心。为了救活阿祥，她踏遍洞庭，到处寻找草药。有一天，碧螺发现一棵小茶树长得特别好。早春寒冷时节，小树却长出了许多芽苞。她十分爱惜这棵小茶树，每天给小树浇水，不让小树受冻。清明过后不几天，小树伸开了第一片嫩叶。这时阿祥已水米

碧螺姑娘

不进，危在旦夕。碧螺流着泪来到茶树旁边，看到嫩绿的茶叶，祈祷着：茶叶啊茶叶，我为你付出了那么多心血，你救活我的阿祥哥吧，如果能救活阿祥，我愿意献出自己的生命！碧螺采下几片嫩芽，泡在开水里送到阿祥嘴边。一股醇正而清爽的香气，一直沁入阿祥的心脾，本来水米不进的阿祥顿觉精神一振，一口气把茶喝光，紧接着就伸伸腿伸伸手，恢复了元气。碧螺一见阿祥好了，高兴异常，她把小茶树上的叶子全采了下来，用一张薄纸裹着放在自己胸前，让体内的热气将嫩茶叶暖干，然后拿出来在手中轻轻搓揉，泡

茶给阿祥喝。阿祥喝了这茶水后，居然完全恢复了健康。

可是，碧螺却一天天憔悴下去了。原来，碧螺的元气全凝聚在嫩叶上了。嫩叶被阿祥泡茶喝后，碧螺的元气再也不能恢复了。碧螺带着幸福的微笑死去了，阿祥悲痛欲绝，把碧螺葬在洞庭山顶上。从此，这儿的茶树总是比别的地方的茶树长得好。为了纪念这位美丽善良的碧螺姑娘，乡亲们便把这种名贵的茶叶取名为"碧螺春"。

茶俗是我国民间风俗的一种。它是中华民族传统文化的积淀，也是人们心态的折射。它以茶事活动为中心，贯穿于人们的生活中，并且在传统的基础上不断演变，成为人们文化生活的一部分。它内容丰富，各呈风采。

我国是一个多民族国家，五十六个民族由于地理环境和历史文化的不同，生活风俗各异，形成了丰富多彩的饮茶习俗，进而折射出各民族浓郁的民族特色和深厚的人文思想。只有了解各民族的茶俗，才能对中华民族文化有更深刻的理解与感悟。

常言说"千里不同风，百里不同俗"，这反映了茶俗随着社会政治、经济、文化形态的变化而纷繁多姿。因此，茶俗具有地域性、社会性、传承性、播布性和自发性，涉及社会的经济、政治、信仰、文化等各个层面。由于中国地大人多，受到历史文化、地理环境、民族风情的影响，饮茶风俗不一而足。以沏茶方法而论，有烹茶、点茶和泡茶之别；以饮茶方式而论，有品茶、喝茶和吃茶之别；以用茶目的而论，又有生理需要、传情联谊和精神追求之说。若将沏茶方法、饮茶方式和用茶目的结合起来，就形成了多种多样的饮茶习俗。

第一节　汉族茶俗

一、日常茶俗

汉族人把客来敬茶看成是不可动摇的待客之道，是代代相传的传统美德，唐代陆士修的"泛花邀座客，代饮引情言"，宋代杜耒的"寒夜客来

茶当酒，竹炉汤沸火初红"等诗句，都表达了汉族人民重情好客，以茶会友，以茶示礼的美德。

汉族的饮茶方式，有品茶和喝茶之分。大抵说来，重在意境，以鉴别茶香、茶味，欣赏茶姿、茶汤，观察茶色、茶形为目的。自娱自乐者，谓之品茶。凡品茶者，得以细啜慢咽，注重精神享受。倘在劳作之际，汗流浃背，气喘吁吁，或炎夏暑热，以清凉、消暑、解渴等人体生理需要为目的，手捧大碗急饮者，或不断冲泡，连饮带咽者，谓之喝茶。不过，汉族饮茶，虽有方式之别，目的不同，但大多推崇清饮，就是将茶直接用开水冲泡，无须在茶汤中加入糖、盐、椒、姜或果品之类，属纯茶原汁本味饮法。汉族人认为，清饮能保持茶的"纯粹"，体现茶的天然本色。中国的山东、浙江等地喜喝绿茶，广东、福建、台湾等地，喜欢用小杯啜乌龙茶，而最有汉族饮茶代表性的，则要数品龙井、啜乌龙、吃盖碗茶、泡九道茶和喝大碗茶了。

（一）杭州品龙井

龙井，既是茶的名称，又是种名、地名、寺名、井名，可谓"五名合一"。杭州西湖龙井茶，色绿、形美、香郁、味醇，用虎跑泉水泡龙井茶，更是"杭州一绝"。品饮龙井茶，首先要选择一个幽雅的环境。其次，要学会龙井茶的品饮技艺。沏龙井茶的水以 80℃左右为宜，泡茶用的杯以白瓷杯或玻璃杯为上，泡茶用的水以山泉水为最。每杯撮上 3～4 克茶，加水 7～8 分满即可。品饮时，先应慢慢提起清澈明亮的杯子，细看杯中翠叶碧水，观察多变的叶姿。尔后，将杯送入鼻端，深深地嗅一下龙井茶的嫩香，使人舒心清神。看罢、闻罢，然后缓缓品味，清香、甘醇、鲜爽应运而生。

（二）潮汕啜乌龙

在闽南及广东的潮州、汕头一带，几乎家家户户、男女老少，都钟情于用小杯细啜乌龙。乌龙茶既是茶类的品名，又是茶树的种名。啜茶用的小杯，称为若琛瓯，只有半个乒乓球大。用如此小杯啜茶，实是汉族品茶艺术的展现。啜乌龙茶很有讲究，与之配套的茶具，诸如风炉、烧水壶、茶壶、茶杯，谓之"烹茶四宝"。泡茶用水应选择甘洌的山泉水，而且必须做到沸水现冲。经温壶、置茶、冲泡、斟茶入杯，便可品饮。啜茶的方式更为奇特：先要举杯将茶汤送入鼻端闻香，只觉浓香透鼻；接着用拇指和食指按住杯沿，中指托住杯底，举杯倾茶汤入口，含汤在口中迴旋品味，顿觉口有余甘。一旦茶汤入肚，口中"啧!啧"回味，又觉鼻口生香，咽喉生津，"两腋生风"，回味无穷。这种饮茶方式，其目的并不在于解渴，主要是在于鉴赏乌龙茶的香气和滋味，重在物质和精神的享受。

（三）成都盖碗茶

在汉族居住的大部分地区都有喝盖碗茶的习俗，而最有代表性的，则是古称巴、渝的四川与重庆一带，那里不仅是茶的原产地之一，也是中国最早饮茶文化的起源地。他们早晨用茶清肺润喉，饭后用茶消食去腻，劳作时用茶解乏提神，会友时用茶晤谈聊天，纠纷时用茶消释前嫌，烦恼时用茶清心解闷。所以，历来有中国茶馆数四川、重庆之说。盖碗茶盛于清代，如今，在四川成都、云南昆明等地，已成为当地茶楼、茶馆等饮茶场所的一种传统饮茶方法。一般家庭待客，也常用此法饮茶。

饮盖碗茶一般说来有五道程序。一是净具：用温水将茶碗、碗盖、碗托清洗干净。二是置茶：用盖碗茶饮茶，摄取的都是珍品茶，常见的有花茶、沱茶，以及上等红、绿茶等，用量通常为3～5克。三是沏茶：一般用初沸开水冲茶，冲水至茶碗口沿时，盖好碗盖，以待品饮。四是闻香：待冲泡5分钟左右，茶汁浸润茶汤时，则用右手提起茶托，左手掀盖，随即闻香舒腑。五是品饮：用左手握住碗托，右手提碗抵盖，倾碗将茶汤徐徐送入口中，品味润喉，提神消烦，真是别有一番风情。

（四）昆明九道茶

九道茶主要流行于中国西南地区，以云南昆明一带最为流行。泡九道茶一般以普洱茶最为常见，多用于家庭接待宾客，所以，又称迎客茶。温文尔雅是饮九道茶的基本方式。因饮茶有九道程序，故名"九道茶"。

一是赏茶：将珍品普洱茶置于小盘，请宾客观形、察色、闻香，并简述普洱茶的文化特点，激发宾客的饮茶情趣。

二是洁具：迎客茶以选用紫砂茶具为上，通常茶壶、茶杯、茶盘一色配套。多用开水冲洗，这样既可提高茶具温度，以利茶汁浸出，又可清洁茶具。

三是置茶：一般视壶大小，按1克茶泡50～60毫升开水的比例将普洱茶投入壶中待泡。

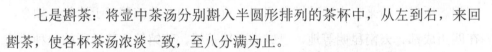

四是泡茶：用刚沸的开水迅速冲入壶内，至3～4分满。

五是浸茶：冲泡后，立即加盖，稍加摇动，再静置5分钟左右，使茶中可溶物溶解于水。

六是匀茶：启盖后，再向壶内冲入开水，待茶汤浓淡相宜为止。

七是斟茶：将壶中茶汤分别斟入半圆形排列的茶杯中，从左到右，来回斟茶，使各杯茶汤浓淡一致，至八分满为止。

八是敬茶：由主人手捧茶盘，按长幼辈分，依次敬茶示礼。

九是品茶：一般是先闻茶香清心，继而将茶汤徐徐送入口中，细细品味，以享饮茶之乐。

（五）羊城早市茶

早市茶，又称早茶，在中国华南地区流传最广，它既能充饥，又能联谊。目前中国各大、中城市都有供应早茶的，但历史最久、影响最深的是广州和香港、澳门特区。那里的人们无论在早晨上工前，还是在工余后，抑或朋友聚会，总爱去茶楼，泡上一壶茶，要上几样点心，边品茶，边吃点，润喉充饥，风趣横生。广州人品茶大都一日早、中、晚三次，但早茶最为讲究，饮早茶的风气也最盛。吃早茶是汉族名茶加美点的另一种清饮艺术，人们可以根据自己的需要，品味传统香茗，当场点茶；又可按自己的口味，要上几款精美清淡小点。如今在华南一带，除了吃早茶，还有吃午茶、吃晚茶，这种吃茶方式被看作是充实生活和社交联谊的一种手段。在广东城市或乡村小镇，吃茶常在茶楼进行。如在假日，全家老幼登上茶楼，饮茶品点，其乐融融。平常人们交换意见或者洽谈业务、协调工作，甚至青年男女谈情说爱，都喜欢用吃茶的方式进行，这也是汉族吃早茶的风尚能长盛不衰，甚至更加延伸扩展的缘由。

（六）北京大碗茶

喝大碗茶的风尚，在汉族居住地区，随处可见，其目的主要在于解渴，所以，大道两旁、车轮码头、半路凉亭，直至车间工地、田间劳作，都屡见不鲜。这种饮茶习俗在我国北方最为流行，尤其早年北京的大碗茶，更是名闻遐

迩。大碗茶多用大壶冲泡，或大桶装茶，大碗畅饮，较粗犷，颇有"野味"，但它随意，不用楼、堂、馆、所，摆设也简单，一张桌子，几张条木凳，若干只粗瓷大碗便可。因此，它常以茶摊或茶亭的形式出现，主要为过往客人解渴小憩。大碗茶由于贴近生活，所以受到人们的称道。即使是生活条件不断得到改善和提高的今天，大碗茶仍然不失为一种重要的饮茶方式。

二、婚礼茶俗

婚礼茶俗从唐太宗贞观十五年文成公主入藏时，按本民族的礼节带去茶开始，至今已有 1300 多年了。

唐时，饮茶之风甚盛，社会上风行贵茶，茶叶成为婚姻不可少的礼品。宋时，由原来女子结婚的嫁妆礼品演变为男子向女子求婚的聘礼。至元明时，"茶礼"几乎成为婚姻的代名词。女子受聘茶礼称"吃茶"，女子受人家茶礼便是合乎道德的婚姻。清朝仍保留茶礼的观念，有"好女不吃两家茶"之说。由于茶性不二移，开花时籽尚在，称为母子见面，表示忠贞不移。

明代汤显祖的《牡丹亭》中亦有："我女已亡故三年，不说到纳彩下茶，便是指腹裁襟，一些没有。"清代孔尚任《桃花扇》

亦云："花花彩轿门前挤，不少欠分毫茶礼。"《红楼梦》中亦载，凤姐对黛玉说："你吃了我家的茶，为什么不给我家作媳妇！"可见，茶作为婚姻的表征由来已久。

在婚俗中汉族人常用茶来象征纯净、无瑕的爱情和"多子多福"，应用于婚庆礼仪之中。古代汉族先民认为，茶树只能直播，移栽不能成活（现代科学已打破这个神话），故称茶为"不迁"，在婚姻恋爱中象征坚贞不渝的爱情；茶树多籽，汉族人的传统观念是祈求子孙繁盛、家庭幸福，于是茶叶多在婚礼中作为"聘礼""彩礼"。

汉族订婚，男方要向女家纳彩礼，而在南方则称为"下茶礼"。江南婚俗中有"三茶礼"，所谓"三茶礼"有两种解释：一种是从订婚到结婚的三道礼节，即订婚时"下茶礼"，结婚时"定茶礼"，同房时"合茶礼"；另一种解释，则是指结婚礼仪中的三道茶仪式，即第一道白果，第二道莲子、枣儿，第三道才真的是茶。不论哪种形式，皆取爱情不移之意。

江苏婚俗，茶在许多场合都是必备之物。男方对女家"下定"，又称"传红"。先由媒人用泥金全红送去女方年庚"八字"，男方则要送茶果金银。其中，茶叶要有数瓶甚至上百瓶。迎亲之日，新郎舆马而来，至岳家门口却要等待开门。待进得门来，又要走一重门，作一个揖，直到堂屋，才得见老岳父及左右大宾，然后饮茶三次，才能到岳母房中歇息，等待新娘上轿，此谓"开门茶"。

湖南、江西皆为产茶胜地，茶在婚礼中也有十分突出的地位。浏阳等地，有"喝茶定终身"之说。青年男女经介绍如愿见面交谈，由媒人约定日期，引男子到女家见面。若女方同意，便会端茶给男子喝。男子认为可以，喝茶后即在杯中放上"茶钱"，两元、四元、百元不定，但一定要双数。喝过茶，这婚姻便有成功的希望了。湖南沅江等地，则用"鸡蛋茶"来表示对婚事的意见。无论女方

去男家，或男方去女家，都要请茶、吃鸡蛋。女方去男家，男方如中意，拿出三个以上的蛋，不中意拿两个出来。女方看是三个以上便高高兴兴地吃了，说明双方皆有诚意。男子若去女家，女方看中了，也要请吃茶吃蛋，看不上，只供清茶，不供茶蛋。

浙江湖州与湘赣婚俗茶礼有许多相似之处，女方接受男方聘礼叫"吃茶"或"受茶"；结婚仪式上，谒见长辈要"献茶"，以表儿女的敬意。长辈送些见面礼，称为"茶包"。北方女孩子出嫁三天要回娘家，叫作回门；浙江一些地方却是在第三天由父母去看女儿，称为"望招"。至时，父母要带上半斤左右的烘豆、橙皮芝麻和谷雨前茶，前往亲家。两家亲翁边饮边谈，称为"亲家婆茶"。

生儿育女是婚姻的继续，也离不开茶。浙江湖州，孩子满月要剃头，需用茶汤来洗，称为"茶浴开石"，有长命富贵、早开智慧之用意。

总之，茶是纯洁的象征，吉祥的象征，用茶祝福新人未来生活美满。茶是亲密、友爱的象征，我国人民把茶礼用于夫妻礼敬、儿女尊长、居家和睦、亲家情谊、多子多福等多种美好的祝愿之中。

第二节　少数民族茶俗

一、蒙古族咸奶茶

蒙古族的饮茶传统是喝咸奶茶。在蒙古草原，人们习惯于"一日一顿饭"，却往往是"一日三餐茶"。清晨，女主人第一件事就是先煮一锅咸奶茶，供全家整天享用。蒙古族妇女都练就了一手煮咸奶茶的好手艺。母亲会一丝不苟地教授女儿煮茶技艺，待到姑娘出嫁时，新娘得当着亲朋好友的面，显露一下煮茶的本领。所以煮咸奶茶是家教的重要内容。蒙古族人喝的咸奶茶，用的多为青砖茶和黑砖茶，并用铁锅烹煮，这是由于高原气压低，水的沸点在100℃以下，加工砖茶不同于散茶，它质地紧实，用开水冲泡很难将茶汁浸出来。

煮咸奶茶时，应先把砖茶打碎，并将洗净的铁锅置于火上，盛水 2～3 千克；至水沸腾时，放上捣碎的砖茶约 25 克；再沸腾 3～5 分钟后，掺入牛奶，用量为水的五分之一左右；少顷，按需加适量盐，等整锅的茶水开始沸腾时，就算把咸奶茶煮好了。

二、维吾尔族香茶

香茶流行于南疆维吾尔族聚居地区，煮香茶时使用长颈铜壶，也有用搪瓷或铝制长颈壶的，长颈壶中加水七八分满，刚煮沸时随即加入预先打碎的茯砖茶，熬煮数分钟，再加入姜、桂皮、胡椒等香辛料，边搅拌边熬煮 3～5 分钟即可饮用，为防止倒茶汤时茶渣、香辛料混入茶汤，通常在长颈壶口套上滤网再倒茶，汤色红浓，香高味足。南疆维吾尔族习惯

于一日三次喝茶，即与早、中、晚三餐同时进行，通常吃馕与喝茶缺一不可。这样的饮食习惯，实质是一种以茶代汤，用茶作菜之举。

三、回族八宝茶

回族信仰伊斯兰教，不能喝酒，茶是主要生活必需品。回族饮茶方式主要是八宝茶，用的茶具是盖碗。八宝茶多选取普通炒青绿茶，配有冰糖与多种干果，如苹果干、葡萄干、柿饼、桃干、红枣、桂圆干、枸杞子等，或加白菊花、芝麻。通常是选八种，故称八宝茶。

四、藏族酥油茶

藏族饮茶方式有酥油茶、奶茶、盐茶、清茶等，以酥油茶最普遍，其次是奶茶。酥油茶是在茶汤中加入酥油等作料调制而成。酥油是将牛奶或羊奶煮沸，搅拌冷却后凝结在表面的一层油脂。茶叶一般使用康砖或金尖、普洱紧压茶。藏族人喝酥油茶有特定的礼

仪，不能一口喝干，必须是边喝边添加。待客时，客人的茶碗总是斟满的。假如客人不想喝，就不要动茶碗。如果喝了一半，不想再喝，主人会将茶水

斟满，等到告别时一饮而尽。

五、侗族打油茶

打油茶，亦称煮油茶，流行于桂、湘、黔毗连地区的侗族、瑶族、苗族及壮族。吃油茶不但可充饥又能祛寒去湿、开胃生津、预防感冒，因此长期山居的民族视其为保健饮料，用于家常及招待宾客，喜庆佳节更以配料丰富、做法讲究的油茶待客。

做法为：先将花生、糯粑、生姜以植物油或茶籽油炒至焦黄发出香味，加入茶叶再炒，然后加热水，滤出汤汁，倒入配制好各种佐料的碗内。油茶佐料按需要取舍，家常食用，取油茶汤汁泡米饭，加季节性菜蔬、炒黄豆、炒花生等。喜庆佳节，招待宾客，佐料较丰盛，以瘦猪肉、猪肝、猪肠、鱼干、小虾、板栗、糍粑片、汤圆、米花、侗果及葱、蒜等配成油茶作料。依当地习俗以油茶待客时，习惯上要敬三碗。所谓"一碗疏，二碗亲，三碗见真心"，或谓"三碗不见外"。

六、傣族竹筒香茶

傣族竹筒香茶是傣族、拉祜族和景颇族别具风味的一种茶饮，也是比较讲究的一种待客方式。制法有两种：一种是采摘细嫩的一芽二三叶，经铁锅杀青、揉捻，然后装入特制的嫩甜竹筒内，在火上烘烤，这

样制成的竹筒香茶既有茶叶的醇厚茶香，又有浓郁的甜竹清香；再一种制法是将晒干的春茶放入小饭甑里，甑里底层堆放一层用水浸透的糯米，甑心垫上块纱布，放上毛茶，约蒸15分钟，待茶叶软化充分吸收糯米香气后倒出，立即装入准备的竹筒内。

七、基诺族凉拌茶

基诺族人喜爱吃凉拌茶，这是人类利用茶叶的原始方法之一。凉拌茶是采用茶树的鲜叶，将它揉软、搓细后，放进大碗里，加上酸笋、酸蚂蚁、大蒜泥、红辣椒粉、黄果叶、盐巴等，再加一些山泉水拌匀，

就成了清凉爽口、鲜咸香辣又提神又下饭的凉拌茶了。不同的季节，各种配料也不同。

八、白族三道茶

白族三道茶，起源于 8 世纪南诏王的宫廷茶礼，后传入民间成为白族传统的隆重茶礼。"三道茶"为主人依次向宾客敬献苦茶、甜茶、回味茶，寄寓"一苦、二甜、三回味"的人生哲理。第一道苦茶，以特制陶罐烘烤茶叶冲沏，茶味以浓酽香苦为佳；第二道甜茶是以乳扇、核桃、红糖冲茶，香甜可口；第三道回味茶以椒、姜、桂皮、蜂蜜冲茶泡制而成，趁热喝下甜而麻辣，回味无穷。头茶苦，寓意吃苦奋斗才能事业有成；二茶甜，寓意先苦后甜，苦尽甘来；三茶回味，寓意事业成功时要不断反思，不断进取。品尝"三道茶"伴以白族民间的诗、歌、乐、舞，为白族待客交友的高雅礼仪。

九、云南普洱烤茶

罐罐茶就是普洱烤茶，是云南思茅地区各民族世代沿袭的煮茶方式，也是招待宾客的一种茶礼。烤茶的制作方法：先将小陶罐置炭火上烤热，加入适量茶叶抖烤，待茶叶焙烤至发出焦香，将沸水冲满陶罐，随即拨去上面浮沫，再注满沸水，滚煮数分钟，倒出茶汤即可敬客饮用，茶汤太浓苦时可另加开水冲淡使适口。烤茶汤色红酽，滋味醇浓带焦香，提神生津，生活在普洱茶乡

的十几个民族，以烤茶为媒，以烤茶会友，烤茶已融入生活，代代相传，历久不衰。

十、纳西族龙虎斗

龙虎斗是用茶和酒冲泡调和而成。纳西族人认为此茶有祛寒解热的功效,是防治感冒的良药。龙虎斗的调制方法为：用水壶将水烧开的同时，用一只小陶罐放入适量茶叶，

置于火塘上烤茶，烤茶时要不断抖动罐内茶叶，使受热均匀避免烤焦，待茶叶发出焦香时，将开水冲入罐内滚煮数分钟，另在茶杯（陶制或竹制）倒入半杯白酒或自制药酒，然后将煮好的滚烫茶水冲入盛有白酒的茶杯内即可饮用。纳西族人认为冲泡龙虎斗时，只许将滚烫茶水倒入白酒中，切不可将白酒倒入茶汤中，趁热饮用，提神解劳，预防风寒。

十一、土家族擂茶

擂茶，又名"三生汤"，用嫩茶鲜叶、生姜和生米混合研碎加水蒸煮而成。今擂茶与古代相比，原材料选配除茶叶、炒熟的花生、芝麻、米花外，增加了生姜、食盐、胡椒粉等。将茶和上述多种食品、佐料放入陶制擂钵内，然后用硬木棍用力旋转研磨，使各种原料研碎混合，用勺取出分置碗中，以沸水冲泡，用羹匙轻轻搅拌，即成擂茶。擂茶主要分布在湘、黔、川、鄂交界的少数民族地区，是土家族的一种特产，具有营养丰富、健康养身和健胃养颜等诸多功效。"海碗里观色，茶杯里品味，木碟里闻香，肚子里回味"。

土家擂茶起源于汉，相传汉武帝时期，将军马援率兵南下远征，途经湘西武陵地区时正值盛夏，无数士兵染上瘟疫，民间一老翁以祖传秘方——擂茶献之，将士们病情迅速好转。此后土家擂茶广泛流传于民间，至今土家族人一直都保留有喝擂茶的习惯。

第三节　外国茶俗

一、英国茶俗

英国饮茶，始于17世纪中期。1662年，葡萄牙凯瑟琳公主嫁与英国查尔斯二世，饮茶风俗由此带入皇家。凯瑟琳公主视茶为健美饮料，因嗜茶、崇茶而被人称为饮茶皇后。由于她的倡导和推动，饮茶之风在朝廷盛行，继而又扩展到王公贵族和贵豪世家及至普通百姓，成为英国的社交风俗。

英国人喜欢饮滋味浓郁的红茶，并在茶中添加牛奶和糖。上流社会设置家庭茶室，收集陈设名贵茶具，讲究传统身份和闲情逸致的饮茶风度，以显示英国绅士的气派。历史上从未种过一片茶叶的英国人，用中国的舶来品创造了自己独特华美的品

茶方式，以内涵丰富、形式优雅的"英式下午茶"享誉天下。下午茶，也称"五时茶"，通常安排在下午4时至5时半之间进行。午后饮茶始于18世纪中期。因英国人重视早餐，轻视午餐，直到晚上8时以后才进晚餐，早晚两餐间隔时间太长，使人有疲惫饥饿之感，为此，英国公爵斐德福夫人安娜，就在下午5时左右请大家品茗用点以提神充饥。久而久之，午后茶逐渐成为一种风习延续至今。家庭下午茶一般不摆餐桌，每人一个茶杯、一个茶碟、一个匙子和一盘面包及糕点，每人备一份白脱油。比较正式的下午茶还备有肉食冷盘茶点。在英国的许多重要社交场合，常用下午茶来代替宴会。

二、美国茶俗

美国是个移民国家，大杂烩，很有包容性，喝茶的习俗各种各样。美国人饮茶，讲求效率、方便，不愿为冲泡茶叶、倾倒茶渣而浪费时间和动作，他们似乎也不愿在茶杯里出现任何茶叶的痕迹，喜欢喝速溶茶。所以，美国至今仍有不少人对茶叶只知其味，不知其物。在美国，茶消耗量占第二位，仅次于咖啡，不过不是中国式的，而是欧洲风味的。

美国市场上的中国乌龙茶、绿茶等有上百种，但多是罐装的冷饮茶。美国人与中国人饮茶不同，大多数人喜欢饮冰茶，而不是热茶。饮用时，先在冷饮茶中放冰块，或事先将冷饮茶放入冰箱冰好，闻之冷香沁鼻，啜饮凉齿爽口。遗憾的是，由于这种茶以凉饮为主，便没有中国茶沏出的味道和悠闲，喝茶的情调也大打折扣。美国人的这种喝茶方式，也是饮茶方式中独特的一种。

三、俄罗斯茶俗

在日常生活中，俄罗斯人每天都离不开茶。早
餐时喝茶，一般吃夹火腿或腊肠的面包片、小馅饼。
午餐后也喝茶，除了往茶里加糖，有时还加果酱、
奶油、柠檬汁等。特别是在星期天、节日或洗过热
水澡后，他们更是喜欢喝茶。他们把喝茶作为饮食
的补充，喝茶时一定要品尝糖果、糕点、面包圈、蜂蜜和各种果酱。俄罗斯人
喜欢喝红茶，特别是格鲁吉亚红茶。他们对中国的茉莉花茶很感兴趣，认为这
种茶香飘四溢，沁人心脾。各地还有不同风俗的茶会，受到人们的普遍欢迎。

俄罗斯人喝茶程序非常复杂，对茶也比较讲究，不仅要有茶杯，还要有茶
托，如果用玻璃杯喝茶要把杯子放在金属套内。俄罗斯的能工巧匠们常将茶炊
的把手、支脚和龙头雕铸成金鱼、公鸡、海豚和狮子等栩栩如生的动物形象。

四、德国茶俗

德国产花茶，但不是我国用茉莉
花、玉兰花或米兰花等窨制过的茶叶，
他们所谓的"花茶"，是用各种花瓣加
上苹果、山楂等果干制成的，里面一
片茶叶也没有，真正是"有花无茶"。
中国花茶讲究花味之香远；德国花茶，
追求花瓣之真实。德国花茶饮时需放糖，不然因花香太盛，有股涩酸味。德
国人也买中国茶叶，但居家饮茶是用沸水将放在细密的金属筛子上的茶叶不
断地冲，冲下的茶水通过安装于筛子下的漏斗流到茶壶内，之后再将茶叶倒
掉。有中国人到德国人家做客，发觉其茶味淡颜色浅，一问，才知德国人独
具特色的"冲茶"习惯。

五、法国茶俗

法国人独爱饮的是红茶、绿茶、花茶和沱
茶。饮红茶时，一般取一小撮红茶或一小包袋
泡红茶放入杯内，冲上沸水，再配以糖，或牛

奶和糖；也有在茶中拌以新鲜鸡蛋，再加糖冲饮的；还有在瓶装茶水中加柠檬汁或橘子汁的；更有在茶水中掺入杜松子酒或威士忌酒，做成清凉的鸡尾酒饮用的。法国人饮绿茶，一般要在茶汤中加方糖和新鲜薄荷叶，做成甜美透香的清凉饮料饮用。

六、其他国家茶俗

巴基斯坦气候炎热，居民多食牛、羊肉和乳制品，缺少蔬菜，因此，巴基斯坦人长期以来养成了以茶消腻、以茶解暑的生活习惯。巴基斯坦人饮茶的习俗带英国色彩，饮红茶时，普遍爱好的是牛奶红茶，而且喝得多，喝得浓。除了工厂、商店等采用冲泡法，大多采用茶炊烹煮法。

土耳其人喜欢红茶，早晨起床，未曾刷牙用餐，先得喝杯茶。煮茶时，使用一大一小两把铜茶壶，待大茶壶中的水煮沸后，冲入放有茶叶的小茶壶中，浸泡3～5分钟，将小茶壶中的浓茶按各人的需求倒入杯中。最后再将大茶壶中的沸水冲入杯中，加上一些白糖。土耳其人煮茶讲究调制功夫，认为只有色泽红艳透明、香气扑鼻、滋味甘醇的茶才恰到好处。

阿富汗的绝大部分居民信奉伊斯兰教，提倡禁酒饮茶。阿富汗的饮食以牛、羊肉为主，少吃蔬菜，而饮茶有助于消化，又能补充维生素的不足。阿富汗人红茶与绿茶兼饮，通常夏季以喝绿茶为主，冬季以喝红茶为多。茶炊多用黄铜制成，圆形，顶宽有盖，底窄，装有茶水龙头；其下还可用来烧炭，中间有烟囱，有点像中国的传统火锅。

伊朗和伊拉克人更是餐餐不离浓味红茶，用沸水冲泡，再在茶汤中添加糖、奶或柠檬共饮。

【茶博士】

茶与祭祀

我国以茶为祭，大致是在南北朝时逐渐兴起的。南北朝齐武帝萧颐永明

十一年（493 年）遗诏说："我灵座上，慎勿以牲为祭，但设饼果、茶饮、干饭、酒脯而已，天上贵贱，咸同此制。"齐武帝萧颐是南朝比较节俭的少数统治者之一，他提倡以茶为祭，把民间的礼俗吸收到统治阶级的丧礼中，并鼓励和推广了这种制度。

将茶用作丧事祭品，只是祭礼的一种。我国的祭祀活动，还有祭天、祭地、祭灶、祭神、祭仙、祭佛，不可尽言。

古代用茶作祭，一般有这样三种形式：在茶碗、茶盏中注以茶水；不煮泡只放以干茶；不放茶，仅置茶壶、茶盅作象征。

我国许多少数民族，也有以茶为祭品的习惯。如布依人的祭土地活动，每月初一、十五，由全寨各家轮流到庙中点灯敬茶，祈求土地神保护全寨人畜平安。祭品很简单，主要是用茶。

再如云南丽江的纳西族，无论男女老少，在死前快断气时，都要往死者嘴里放些银末、茶叶和米粒，他们认为只有这样死者才能到"神地"。

祭祀活动中以茶作祭品，可以说是茶文化发展过程中衍生出来的一种副文化，真实地反映了人类的历史现象。

【故乡的茶】

崂山茶

名山蕴名水，名水育名茶，这是品茶人的讲究。崂山是"海上第一名山"，有"神仙宅窟""道教全真天下第二丛林"之美誉。崂山矿泉水水质优异，真正成就了"仙山圣水崂山茶"的显贵地位，成就了"中国江北第一名茶"。作为中国最北方的绿茶，崂山茶具有生长周期长、品质优良、叶肥味厚的特点。

崂山青山碧海，云雾缭绕，空气湿润，土地肥沃，水质优良，具有得天独厚的自然条件。崂山茶叶生长缓慢，芽粗叶壮肥厚耐冲泡。崂山地区气候温暖湿润，光照较强，霜期也较南方长，加之昼夜温差大，茶树生长发育慢，有充分时间积累养分，故崂山茶内营养物质丰富，有大量的多酚类、咖啡碱、芳香物质和蛋白质、氨基酸、维生素等有益人体健康的成分。饮用崂山绿茶，有兴奋解倦、止渴解毒、促进血液循环、软化血管、清心明目等功效。特别是茶内氨基酸含量高，茶汤浓醇鲜爽，饮后颊齿留香，令各地好茶者赞不绝口。

崂山种茶已有悠久的历史。崂山茶相传原由金丘处机、明张三丰等崂山道士自江南移植，亲手培植而成，数百年为崂山道观之养生珍品。

目前普遍种植的崂山茶树引种始于 1959 年，是南茶北引最早的茶叶实验点和江北绿茶发源地。20 世纪 90 年代中后期，崂山茶获得大发展。政府政策扶持，资金支持，技术指导，鼓励种植，种植技术和制茶技术越来越精湛，知名度越来越高。2004 年 5 月青岛市首届"崂山茶节"成功举办，自此，崂山茶风靡海内外。

【46】

【茶语人生】

喝茶

梁实秋

我不善品茶，不通茶经，更不懂什么茶道，从无两腋之下习习生风的经验。但是，数十年来，喝过不少茶，北平的双窨、天津的大叶、西湖的龙井、六安的瓜片、四川的沱茶、云南的普洱、洞庭湖的君山茶、武夷山的岩茶，甚至不登大雅之堂的茶叶梗与满天星随壶净的高末儿，都尝试过。茶是我们中国人的饮料，口干解渴，惟茶是尚。茶字，形近于茶，声近于

櫝，来源甚古，流传海外，凡是有中国人的地方就有茶。人无贵贱，谁都有分，上焉者细啜名种，下焉者牛饮茶汤，甚至路边埂畔还有人奉茶。北人早起，路上相逢，辄问讯"喝茶未？"茶是开门七件事之一，乃人生必需品。

孩提时，屋里有一把大茶壶，放在一个有棉衬垫的藤箱里，相当保温，要喝茶自己斟。我们用的是绿豆碗，这种碗大号的是饭碗，小号的是茶碗，作绿豆色，粗糙耐用，当然和宋瓷不能比，和江西瓷不能比，和洋瓷也不能比，可是有一股朴实厚重的风貌，现在这种碗早已绝迹，我很怀念。这种碗打破了不值几文钱，脑勺子上也不至于挨巴掌。银托白瓷小盖碗是祖父母专用的，我们看着并不羡慕。看那小小的一盏，两口就喝光，泡两三回就得换茶叶，多麻烦。如今盖碗很少见了，除非是到故宫博物院拜会蒋院长，他那大客厅里总是会端出盖碗茶敬客。再不就是在电视剧中也常看见有盖碗茶，可是演员一手执盖一手执碗缩着脖子啜茶那副狼狈相，令人发噱，因为他不知道喝盖碗茶应该是怎样的喝法。他平素自己喝茶大概一直是用玻璃杯、保温杯之类。如今，我们此地见到的盖碗，多半是近年来本地制造的"万寿无疆"的那种样式，瓷厚了一些；日本制的盖碗，样式微有不同，总觉得有些怪怪的。近有人回大陆，顺便探视我的旧居，带来我三十多年前天天使用的一只瓷盖碗，原是 12 套，只剩此一套了，碗沿还有一点磕损，睹此旧物，勾起往日的心情，不禁黯然。盖碗究竟是最好的茶具。

茶叶品种繁多，各有擅场。有友来自徽州，同学清华，徽州产茶胜地，但是他看到我用一撮茶叶放在壶里沏茶，表示惊讶，因为他只知道茶叶是烘干打包捆载上船沿江运到沪杭求售，剩下来的茶梗才是家人饮用之物。恰如北人所谓"卖席的睡凉炕"。我平素喝茶，不是香片就是龙井，多次到大栅栏东鸿记或西鸿记去买茶叶，在柜台前面一站，徒弟搬来凳子让坐，看伙计称茶叶，分成若干小包，包得见棱见角，那份手艺只有药铺伙计可媲美，茉莉花窨过的茶叶，临卖的时候再抓一把鲜茉莉放在表面上，所以叫做双窨。于是茶店里经常是茶香花香，郁郁菲菲。父执有名玉贵者，旗人，精于饮馔，居恒以一半香片一半龙井混合沏之，有香片之浓馥，兼龙井之苦清。吾家效而行之，无不称善。茶以人名，乃径呼此茶为"玉贵"，私家秘传，外人无由得知。

其实，清茶最为风雅。抗战前造访知堂老人于苦茶庵，主客相对总是有清茶一盅，淡淡的、涩涩的、绿绿的。我曾屡侍先君游西子湖，从不忘记品尝当地的龙井，不需要攀登南高峰风篁岭，近处平湖秋月就有上好的龙井茶，开水现冲，风味绝佳。茶后进藕粉一碗，四美具矣。正是"穿牖而来，夏日清风冬日日；卷帘相见，前山明月后山山"（骆成骧联）。有朋自六安来，贻我瓜片少

许，叶大而绿，饮之有荒野的气息扑鼻。其中西瓜茶一种，真有西瓜风味。我曾过洞庭，舟泊岳阳楼下，购得君山茶一盒。沸水沏之，每片茶叶均如针状直立漂浮，良久始舒展下沉，味品清香不俗。

初来台湾，粗茶淡饭，颇想倾阮囊之所有在饮茶一端偶作豪华之享受。一日过某茶店，索上好龙井，店主将我上下打量，取 8 元一斤之茶叶以应，余示不满，乃更以 12 元者奉上，余仍不满，店主勃然色变，厉声曰："买东西，看货色，不能专以价钱定上下。提高价格，自欺欺人耳！先生奈何不察？"我爱其憨直。现在此茶店门庭若市，已成为业中之翘楚。此后我饮茶，但论品味，不问价钱。

茶之以浓酽胜者莫过于功夫茶。《潮嘉风月记》说功夫茶要细炭初沸连壶带碗泼浇，斟而细呷之，气味芳烈，较嚼梅花更为清绝。我没嚼过梅花，不过我旅居青岛时有一位潮州澄海朋友，每次聚饮酩酊，辄相偕走访一潮州帮巨商于其店肆。肆后有密室，烟具、茶具均极考究，小壶小盅有如玩具。更有娈婉卯童伺候煮茶、烧烟，因此经常饱吃功夫茶，诸如铁观音、大红袍，吃了之后还携带几匣回家。为知是否故弄玄虚，谓炉火与茶具相距以七步为度，沸水之温度方合标准。与小盅而饮之，若饮罢径自返盅于盘，则主人不悦，须举盅至鼻头猛嗅两下。这茶最有解酒之功，如嚼橄榄，舌根微涩，数巡之后，好像是越喝越渴，欲罢不能。喝功夫茶，要有功夫，细呷细品，要

有设备，要人服侍，如今乱糟糟的社会里谁有那么多的工夫？红泥小火炉哪里去找？伺候茶汤的人更无论矣。普洱茶，漆黑一团，据说也有绿色者，泡烹出来黑不溜秋，粤人喜之。在北平，我只在正阳楼看人吃烤肉，吃得口滑肚子膨脖不得动弹，才高呼堂倌泡普洱茶。四川的沱茶亦不恶，惟一般茶馆应市者非上品。台湾的乌龙，名震中外，大量生产，佳者不易得。处处标榜冻顶，事实上哪里有那么多的冻顶？

喝茶，喝好茶，往事如烟。提起喝茶的艺术，现在好像谈不到了，不提也罢。

【我与茶行】

1. 网上搜索观看藏族、蒙古族等少数民族的茶俗视频，搜索国外茶俗资料，对中外茶俗进行了解比较。

2. 走访乡村、社区，调查采访本地日常茶俗与婚礼茶俗，上传至课程网站与大家分享，共同交流。

第三章 茶烹文学

茶是随性之物，既可进柴门，亦可登大雅之堂。在百姓那里可以与"油盐酱醋"为伍，在文人那里又与"琴棋书画"等高雅之事为伴。茶成了中国古代文人生活的重要内容之一，亦成了文人进行文学创作的重要题材和手段。一杯茶带着浓郁的茶香穿越了数千年的历史，积淀成的茶文学艺术也伴随着茶香、茶趣成为中国文学史上的一道别样风景。

朱元璋续茶诗

洪武三年（1370 年），朱元璋带了几个心腹秘密来到灵山寺。和尚们拿出灵山一枪一旗的灵山茶，这茶是朱元璋过去未曾见过，更未曾喝过的。当汝宁府派来的巧厨师精心用九龙潭中的泉水沏泡好灵山茶送到朱元璋面前时，朱元璋打开茶杯盖，一股沁人肺腑的清香直扑口鼻，未曾入口，便产生了一种飘飘欲仙之感，一口茶进去，舌尖首先有一种浓郁的醇厚之味。朱元璋虽说当了皇帝，有天下各种贡茶，但此时只觉得哪一种名茶也赶不上灵山茶。一杯茶没喝完，他便对身边的人说："这

杯茶是哪位官员沏泡的？给他连升三级。"跟随他的一个贴心师爷忙说："那是汝宁府派来的厨师沏泡的。"意思是他不是什么官员，无法升官。朱元璋也听出了那位师爷的意思。但这杯清香甘甜的茶水使他兴奋得无法克制，再次传旨："他是厨师也要升三级官。"那位师爷只好照办。一边嘟哝着发牢骚："十年寒窗苦，何如一盏茶。"朱元璋一听这位师爷的嘟哝，知其因为没有给他这位有才者连升过三级官而有意见，便对他说："你刚才像是吟诗，只吟了前半部分，我来给你续上后半部分：'他才不如你，你命不如他。'"就这样，那位厨师连升了三级官。朱元璋降香后即下旨拨一笔巨款，将灵山寺原来的三层殿修成七层大殿，外带厢房，亲笔写下"圣寿禅寺"横匾，并命州县在灵山一带大种茶叶，每年进贡必须是一枪一旗的灵山茶。从那以后灵山周围大种茶树，当地不少地方因种茶改为茶山、茶沟、茶坡等。

第一节　茶诗与茶人

　　自两晋南北朝以来，饮茶已经脱离一般形态的饮食走入文化圈，茶成为文人墨客的重要吟诵内容。翻开各种史籍，大量咏茶诗、词、歌、赋跃然纸上。唐代之前关于茶的诗仅有四首：孙楚的《出歌》、张载的《登成都白菟楼》、左思的《娇女诗》、王微的《杂诗》。

　　中国最早的茶诗，是西晋文学家左思的《娇女诗》，全诗280言、56句，陆羽《茶经》选摘了其中12句。

> 吾家有娇女，姣姣颇白皙。
> 小字为纨素，口齿自清历。
> 其姊字惠芳，眉目粲如画。
> 驰骛翔园林，果下皆生摘。
> 贪华风雨中，倏忽数百适。
> 心为茶歌剧，吹嘘对鼎沥。

　　这首诗生动地描绘了一双娇女调皮可爱的神态。她们在园林中游玩，果子尚未熟就被摘下来，虽有风雨，也流连花下，一会儿工夫就跑了几百圈。口渴难熬，她们只好跑回来，模仿大人，急忙用嘴吹炉火，盼望早点煮好茶水解渴。诗人词句简洁、清新，不落俗套，为茶诗开了一个好头。

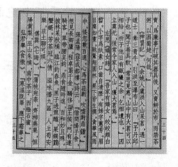

　　最早的咏名茶诗，是李白的《答族侄们中孚赠玉泉仙人掌茶》。

> 尝闻玉泉山，山洞多乳窟。
> 仙鼠如白鸦，倒悬清溪月。
> 茗生此中石，玉泉流不歇。
> 根柯洒芳津，采服润肌骨。
> 丛老卷绿叶，枝枝相接连。
> 曝成仙人掌，似拍洪崖肩。

举世未见之，其名定谁传。

示英乃禅伯，投赠有佳篇。

清镜烛无盐，顾惭西子妍。

朝坐有余兴，长吟播诸天。

以茶而言，此诗详细地介绍了仙人掌茶的产地、环境、外形、品质和功效。

他写仙人掌茶的外形、品质和功效等，绝无茶叶生产专用术语，而是采用形象化的描述，并以浪漫主义的手法、夸张的笔触，描绘了此茶的环境等，如："仙鼠如白鸦，倒悬清溪月"，"曝成仙人掌，似拍洪崖肩"。

仙人掌茶

作为中国诗歌的鼎盛时代，唐朝诗家辈出。诗人品茶咏茶，因而茶诗大量问世。诗中有茶，诗中有史。唐代是诗盛茶兴的时代，文人与茶的结合，不仅留下了文人饮茶的闲情趣话，更极大地拓展了茶文化的疆域，丰富了茶文化的内涵。

唐代诗人品茶咏茶的主要代表人物有以下四位。

一、元稹（779—831）

元稹，河南洛阳人，与白居易诗歌酬唱，世称"元白"，新乐府运动的倡导者。代表作：宝塔诗——《茶》。

一字至七字诗茶

茶

香叶，嫩芽。

慕诗客，爱僧家。

碾雕白玉，罗织红纱。

铫煎黄蕊色，碗转曲尘花。

夜后邀陪明月，晨前命对朝霞。

洗尽古今人不倦，将知醉后岂堪夸。

全诗一开头，就点出了主题是茶。接着写了茶的本性，即味香和形美。

第三句是倒装句，应为"诗客慕，僧家爱"，即茶深受"诗客"和"僧家"的爱慕，茶与诗，总是相得益彰的。第四句写的是烹茶，因为古代饮的是饼茶，所以要先用白玉雕成的碾把茶叶碾碎，再用红纱制成的茶箩把茶筛分。第五句写烹茶先要在铫中煎成黄蕊色，尔后盛在碗中浮饽沫。第六句谈到饮茶，不但夜晚要喝，而且早上也要饮。结尾指出茶的妙用，不论古人或今人，饮茶都会感到精神饱满，特别是酒后喝茶有助醒酒。所以元稹的这首宝塔茶诗，先后表达了三层意思：一是从茶的本性说到了人们对茶的喜爱；二是从茶的煎煮说到了人们的饮茶习俗；三是就茶的功用说到了茶能提神醒酒。

二、陆羽（733—804）

陆羽，湖北天门人，著有《茶经》，世称"茶圣"。《茶经》全书7000余字，共分三卷十节，是我国古代最完备的一部茶书，它的出现标志着我国茶文化在唐代中期已正式确立。代表作：《六羡歌》。

歌（又名：六羡歌）

不羡黄金罍（léi），不羡白玉杯。

不羡朝入省，不羡暮入台。

千羡万羡西江水，曾向竟陵城下来。

此诗表明了陆羽一生的理想和抱负。其思想性格，可说是儒、释、道三者的融合体。歌中用"四个不羡"来反衬两羡，象征着他不慕荣华，眷恋乡土，献身茶业，守志如愚的恬淡志趣和高风亮节。

陆羽因相貌丑陋而成为弃儿，被龙盖寺住持智积禅师收养。陆羽自幼在寺庙中学文识字，习诵佛经，还学会煮茶等事务，但并不愿皈依佛法。住持颇为恼怒，就用繁重的"贱务"惩罚他，陆羽并不因此屈服，求知欲望反而更加强烈。他无纸学字，以竹划牛背为书，偶得张衡《南都赋》，虽并不识其字，却危坐展卷，念念有词。积公知道后，恐其浸染外典，失教日旷，又把他禁闭寺中，派年长者管束。陆羽12岁时，逃出龙盖寺，到了一个戏班子里做了优伶。他虽其貌不扬，又有些口吃，但幽默机智，演丑角极为成功，后来还编写了三卷笑话书《谑谈》。唐天宝五年（746年），竟陵太守李齐物在一次州人聚饮中，看到了陆羽出众的表演，十分欣赏他的才华和抱负，当即赠以诗书，并修书推荐他到隐居于火门山的邹夫子那里学习。

唐天宝十五年（756年），陆羽为考察茶事，出游巴山峡川。一路之上，他逢山驻马采茶，遇泉下鞍品水，目不暇接，口不暇访，笔不暇录，锦囊满获。唐乾元元年（758年），陆羽来到升州(今江苏南京)，寄居栖霞寺，钻研茶事。唐上元元年（760年），陆羽从栖霞山麓来到苕溪(今浙江吴兴)，隐居山间，闭门著述《茶经》。期间常身披纱巾短褐，脚着藤鞋，独行野中，深入农家，采茶觅泉，评茶品水，或诵经吟诗，杖击林木，手弄流水，迟疑徘徊，每每至日黑兴尽，方号泣而归，时人称谓今之"楚狂接舆"。唐玄宗曾诏拜羽为太子文学，又徙太常寺太祝，但都未就职。

三、卢仝（795—835）

卢仝，河南济源人，初唐四杰卢照邻之嫡氏子孙，著有《七碗茶歌》，世称"茶仙"，与陆羽一南一北，并驾齐驱。卢仝好茶成癖，诗风浪漫且奇诡险怪，人称"卢仝体"。卢仝的《七碗茶歌》在日本广为传颂，并演变为"喉吻润、破孤闷、搜枯肠、发轻汗、肌骨清、通仙灵、清风生"的日本茶道。

走笔谢孟谏议寄新茶

日高丈五睡正浓，军将打门惊周公。

口云谏议送书信，白绢斜封三道印。

开缄宛见谏议面，手阅月团三百片。

闻道新年入山里，蛰虫惊动春风起。

天子须尝阳羡茶，百草不敢先开花。

仁风暗结珠琲瓃，先春抽出黄金芽。

摘鲜焙芳旋封裹，至精至好且不奢。

至尊之余合王公，何事便到山人家。

柴门反关无俗客，纱帽笼头自煎吃。

碧云引风吹不断，白花浮光凝碗面。

一碗喉吻润，两碗破孤闷。

三碗搜枯肠，唯有文字五千卷。

四碗发轻汗，平生不平事，尽向毛孔散。

五碗肌骨清，六碗通仙灵。

七碗吃不得也，唯觉两腋习习清风生。

蓬莱山，在何处？玉川子，乘此清风欲归去。

山上群仙司下土，地位清高隔风雨。

安得知百万亿苍生命，堕在颠崖受辛苦！

便为谏议问苍生，到头还得苏息否？

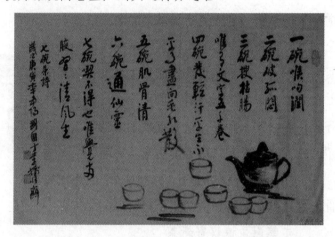

　　这首诗写得挥洒自如，从构思、语言到描绘，都恰到好处，完美表现了卢仝特有的别致风格，既有道家羽化登仙的浪漫主义情调，又有儒家的治世精神。

　　全诗分三大部分。第一部分，写孟谏议派人送茶，因为茶好，天子首先要尝新，接着便是王公大臣，到山人家觅茶。这里写天子王公，一方面是赞扬茶，另一方面也是埋下伏笔。第二部分，是诗的主体，先写闭门自煎，"碧云引风吹不断，白花浮光凝碗面"，煮茶的过程，碧云清风，何等享受。煮出来的茶，白花浮光，何等赏心悦目！接着便连写喝下七碗茶的不同体会，产生不同境界。正由于卢仝道出了这七种绝妙境界，此诗亦被称作《七碗茶诗》。卢仝说喝第三碗便浮想联翩，才思文涌，七碗吃下去，真是飘飘欲仙了。第三部分，许多文章往往省略不引，其实，诗人胸襟正在于此。诗人喝茶，也临仙境，但是，诗人毕竟扎根民间，心系黎民，笔触一转，想到茶农，"百万亿苍生命，堕在巅崖受辛苦"。天子尝新，王公要抢先，世人嗜饮茶，但千万不能忘记茶农，不能忘记他们所受的巅崖之苦。正由于卢仝的仁爱之心，对苍生的关怀之意，所以博得茶之"亚圣"的称号。

四、释皎然（730—799）

释皎然，湖州人，俗姓谢，字清昼，中国山水诗创始人谢灵运的十世孙，是唐代最有名的诗僧、茶僧，在文学、佛学、茶学等许多方面有深厚造诣，堪称一代宗师。

饮茶歌诮崔石使君

越人遗我剡溪茗，采得金芽爨金鼎。

素瓷雪色缥沫香，何似诸仙琼蕊浆。

一饮涤昏寐，情思朗爽满天地。

再饮清我神，忽如飞雨洒轻尘。

三饮便得道，何须苦心破烦恼。

此物清高世莫知，世人饮酒多自欺。

愁看毕卓瓮间夜，笑向陶潜篱下时。

崔侯啜之意不已，狂歌一曲惊人耳。

孰知茶道全尔真，唯有丹丘得如此。

此诗是诗僧释皎然同友人崔刺史共品越州茶时即兴之作。题中虽冠以"诮"字，微含讥嘲之意，乃为诙谐之言，其意在倡导以茶代酒，探讨茗饮艺术境界。皎然在茶诗中，探索品茗意境的鲜明艺术风格，对唐代中后期中国茶文学——咏茶诗歌的创作和发展，产生了潜移默化的积极影响。

释皎然精通茶事，与陆羽结成了生死相依的忘年交40多年，并指导帮助

陆羽完成了中国茶业、茶学的千秋伟业——《茶经》。

如果说陆羽更多的是一个科学家，他是从茶科学、茶经验、茶业产业角度来著作《茶经》，那么释皎然则更多的是从文学诗歌、从茶文化的角度研究，写下了许多广为流传的茶诗。他以诗歌的形式在世界首次提出了"茶道"，以高深的佛门禅悟体验开启了"佛茶之风"或"禅茶一味"，从而拉开了整个中国茶道甚至是世界茶道之先河！他的《饮茶歌诮崔石使君》不但是大唐茶道更是中国茶道、世界茶道的开山之作！皎然不但是茶事、茶文化的积极倡导者，更是"以茶代酒"、茶饮料的积极宣传者。他经常组织"苕溪茶会"，带领诗茶爱好者去剡溪举办"沃州茶会""剡溪诗茶论坛"，策划宣传茶文化思想，并以论坛、活动、诗歌等形式进行了有影响力的传播。自陆羽《茶经》及释皎然的《饮茶歌》后，唐代茶诗大盛，茶道与诗道形成了前所未有的大合唱，迎来了亘古以来未有的大唐茶文化的高峰！

从宋代开始，诗人们把茶写入词中，写得最多的为苏东坡、黄庭坚，还有谢逸、米芾等。如苏轼《行香子·茶词》："绮席才终，欢意犹浓。酒阑时，高兴无穷。共夸君赐，初拆臣封。看分香饼，黄金缕，密云龙。斗赢一水，功敌千钟，觉凉生，两腋清风。暂留红袖，少却纱笼。放笙歌散，庭馆静，略从容。"

我国的茶叶生产在清代后期逐渐衰落。20 世纪 50 年代以来，茶叶生产有了较快的发展，因此，茶叶诗词创作也出现了新的局面。特别是 20 世纪 80 年代以来，随着茶文化活动兴起，茶叶诗词创作更呈现一派繁荣兴旺的景象，尤其老一辈革命家、文学家、诗人及茶界名人等为人们留下了许多诗韵盎然的新作。如朱德的《看西湖茶区》《庐山云雾茶》，董必武的《游龟山》，陈毅的《梅家坞即景》，郭沫若的《初饮高桥银峰》等；此外，赵朴初、吴觉农、庄晚芳、王泽农、陈椽等都写过茶诗，并以深刻的寓意，清新的笔触，把我国传统茶诗词推到了一个新的阶段。

第二节　茶联

　　楹联（也称对联）是我国传统文化之一。茶联是楹联宝库中的一枝鲜花，它运用对联的文学特征，以茶事为题材，按照对联特点拟写而成，内容广泛、意味深长、雅俗共赏，使人不觉增加品茗情趣。

　　　　秀翠名湖，游目频来过溪处；

　　　　腴含古井，怡情正及采茶时。

　　这是杭州西湖龙井茶区的楹联，相传乾隆所撰。此联描绘了采茶时节龙井茶山的风光景色。龙井，是以泉名井，据说三国时已发现，泉水出自山岩中，四季不绝，水味甘洌。龙井之西是龙井村，环山产茶，是名"龙井茶"，因具有色翠、香郁、味醇、形美"四绝"而著称于世。

　　　　花笺茗碗香千载；

　　　　云影波光活一楼。

　　这是四川成都"望江楼"的楹联，为清代何绍基题书。此联的上联与苏东坡的"上茶妙墨具香"有异曲同工之妙。下联的一个"活"字可与"春风又绿江南岸"的"绿"字媲美，令人拍案叫绝。

　　　　泉声茶韵，领略几许禅机，过去现在未来；

　　　　月色竹影，普世无边圆觉，碧莲白象青狮。

　　这是四川峨眉山的茶联，联中的禅机是指佛法哲理。圆觉是圆通妙觉的缩略语，是指彻底领悟佛法，取得了无上智慧。碧莲、白象、青狮分别代表普贤菩萨、释迦牟尼和文殊菩萨。

楚尾吴头，一片青山入座；

淮南江北，半潭秋水烹茶。

这是镇江焦山枕江阁的楹联，郑燮撰。焦山在镇江市东北部的长江中，东汉末年隐士焦光居此不仕，故名。

一杯春露暂留客；

两腋清风几欲仙。

这是浙江杭州茶人之家的楹联，出自宋代翁元广《题临江茶阁》，现代书画家董寿平所书。此联开门见山表明了这里的主人以茶会友的真挚之情，从卢仝的《茶歌》化出下联，生动描述了品茶后心旷神怡的感受。

品泉茶三口白水；

竹仙寺两个山人。

这是四川潜江竹仙寺茶楼的楹联，是副拆字联。"品"是"三口"，"泉"是"白水"，"竹"是"两个"，"仙"是"山人"，且与茶楼名称相合，读来妙趣横生。

四大皆空，坐片刻，不分尔我；

两头是路，吃一盏，各自东西。

这是河南省洛阳古道茶亭的楹联，联语告诫路人且得且乐。

为公忙为私忙，忙里偷闲吃碗茶去；

求名苦求利苦，苦中作乐拿壶酒来。

这是杭州三雅园茶楼的楹联，清代汪次闲撰。后有人改作"为名忙，为利忙，忙里偷闲，且吃七杯茶去；劳心苦，劳力苦，苦中寻乐，再拿一壶酒来"。

阳羡春茶瑶草碧；

兰陵美酒郁金香。

此联上联出自唐代诗人钱起的诗，下联出自诗仙李白的诗，全无拼凑痕迹，读来妙趣天成。

一杯清茶，解解解元之渴；

七弦妙曲，乐乐乐师之心。

相传这副对联是明朝才子解缙与一乐姓皓首乐师所作。该联的上下联都用了三个叠字，并极尽中国汉字一字多音、一字多义的特点，堪称茶联中一绝。

龙井雨花湘波绿；

黄芽水仙瑞草魁。

此联以六种名茶组成："龙井"家喻户晓；"雨花"茶曾先后数次被列为全国名茶；"湘波绿"是湖南名茶；"黄芽"属黄茶类，最著名的有蒙顶黄芽与霍山黄芽；"水仙"是乌龙茶当中的当家品种，曾获巴拿马博览会金奖；"瑞草魁"是历代贡茶之一。这副以名茶组成的茶联清新自然，既妙趣天成，读后还能使人增长茶知识，不失为咏茶趣联。

趣言能适意；

茶品可清心。

这是一个回文茶联。顺着读的意思是有趣的言谈能让人感到心情舒畅，好的茶可以使人神清气爽。倒过来读，联的语意焕然一新，成为"心清可品茶，意适能言趣"。意思为：心神清净的时候，最能品出茶的韵味，心情舒畅的时候最能说出有趣的言语。回文茶联正读倒读都通顺，很受世人喜爱。上海天然居茶楼也有一联："客上天然居，居然天上客；人来交易所，所易交来人。"

烟锁池塘柳；

茶烹凿壁泉。

此联上联由晚明陈子升撰，五字的偏旁包括了金、木、水、火、土"五行"。征求下联，要求五字也带"五行"偏旁。上联长期在民间流传，但下联对上者绝少。据传，至20世纪60年代，北京大学一位教授拟一下联："茶烹凿（鑿）壁泉"。此五字的"五行"全在字脚，遂传为茶联创作佳话。

陶潜喜饮易牙喜烹饮烹有度

陶侃惜分夏禹惜寸分寸无遗

这是广州著名的茶楼"陶陶居"的楹联。当年店主为了扩大影响，招揽生意，用"陶"字分别为上联和下联的开端，出重金征得此联。这里用了四个人名，即陶潜、易牙、陶侃和夏禹；又用了四个典故，即陶潜喜饮，易牙喜烹，陶侃惜分和夏禹惜寸，不但把"陶陶"两字分别嵌于每句之首，使人看起来自然、流畅，而且还巧妙地把茶楼饮茶技艺和经营特色恰如其分地表露出来，理所当然地受到店主和茶人的欢迎和传诵。

吾乡陆羽茶经不列名次之泉。

　　这是广东潮阳海潮古刹的一副独脚联，下联至今未有人对上，堪称一绝。海潮古刹位于城郊西岩山上，唐代兴建，倚山而立，是粤东地区的名刹。寺山有一泉井，名字叫"问潮井"。独脚茶联就刻在井台边的一块石碑上。据说这副独脚联出自清代，兴许是某一日一位满腹经纶的才子游兴正浓时，喝了用井水冲泡的香茗，乘兴而作的。此后慕名前来应对者不少，却没有一人对上。要是同学有兴趣，不妨一对。

第三节　茶画

　　茶画是中国茶文化重要的表现形式，它反映了不同时代人们饮茶的风尚，在中华民族瑰丽多姿的艺术宝库中占有着光辉的一席之地。从历代茶画中，可以感受中华茶文化发展史中的许多方面。

　　唐代画家阎立本所作的著名茶画《萧翼赚兰亭图》，描绘的是唐太宗派遣监察御史萧翼到会稽骗取辩才和尚的《兰亭序》真迹的故事。东晋大书法家王羲之于穆帝永和九年（353 年）同当时名士谢安等十四人会于会稽山阴之兰亭，当时王羲之用绢纸、鼠须笔作兰亭序，世称兰亭贴。王羲之死后，兰亭序由其子孙收藏，后传至其七世孙僧智永，智永圆寂后，又传与弟子辩才，辩才得序后在梁上凿暗槛藏之。唐贞

观年间，太宗喜欢书法，酷爱王羲之的字，唯得不到兰亭序而遗憾，后听说辩才和尚藏有兰亭序，便召见之，可辩才却说见过此序，但不知下落。太宗苦思冥想，不知如何才能得到。后房玄龄推荐监察御史萧翼完成此任务。萧翼把自己装扮成普通人，带上王羲之杂贴几幅，慢慢接近辩才。骗得辩才的好感和信任后，在谈论王羲之书法的过程中，辩才拿出了兰亭序，萧翼故意说此字不一定是真迹，辩才不再将兰亭序藏在梁上，而是随便放在茶几上。一天趁辩才离家，萧翼借故到辩才家取得兰亭序，后萧翼以御史身份召见辩才，辩才恍然大悟，知道自己受骗但已晚矣。萧翼得兰亭序后回到长安，太宗予以重赏。

画面有五位人物，中间坐着一位和尚即辩才，对面为萧翼，左下有二人煮茶。画面上，机智而狡猾的萧翼和疑虑为难的辩才和尚，其神态惟妙惟肖。画面左下有一老仆人蹲在风炉旁，炉上置一锅，锅中水已煮沸，茶末刚刚放入，老仆人手持"茶夹子"欲搅动"茶汤"；另一旁，有一童子弯腰，手持茶托盘，小心翼翼地准备"分茶"。矮几上，放置着其他茶碗、茶罐等用具。这幅画不仅记载了古代僧人以茶待客的史实，而且再现了唐代烹茶、饮茶所用的茶器茶具，以及烹茶方法和过程，是茶文化史上不可多得的瑰宝。此画纵27.4厘米，横64.7厘米，绢本，工笔着色，无款印，辽宁省博物馆收藏。

《斗茶图》是茶画中的传神之作，作者赵孟頫（1254—1322），元代画家。画面上四茶贩在树阴下作"茗战"（斗茶）。人人身边备有茶炉、茶壶、茶碗和茶盏等饮茶用具，轻便的挑担有圆有方，随时随地可烹茶比试。左前一人手持茶杯，一手提茶桶，意态自若，其身后一人手持一杯，一手提壶，作将壶中茶水倾入杯中之态，另两人站立在一旁注视。斗茶者把自制的茶叶拿出来比试，展现了宋代民间茶叶买卖和斗茶的情景。此图为台北"故宫博物院"收藏。

很多明朝画家都喜欢在山清水秀的大自然中品茶，比如"吴门四家"的茶画就非常有代表性，文徵明的《惠山茶会图》、唐寅的《事茗图》等，都是描写山水之境下的茶人生活情趣，或饮茶，或烧水，等等，闲情逸致，乐在其中。

此为文徵明的《惠山茶会图》。高大的松树，峥嵘的山石，树石之间有一井亭，山房内竹炉已架好，侍童在烹茶，正忙着布置茶具，亭榭内茶人正端坐待茶。画面人物共有八人，三仆四主，有两位主人围井栏坐于井亭之中，一人静坐观水，一人展卷阅读，还有两位主人正在山中曲径之上攀谈。画面采用截取式构图，突出"茶会"场景。在一片松林中有座茅亭泉井，诸人冶游其间，或围井而坐，展卷吟哦，或散步林间，赏景交谈，或观看童子煮茶。人物面相虽少肖像画特征，大都雷同，动态、情致刻画却迥异，饶有生意，并传达出共通的闲适、文雅气质，反映了文人画家传神胜于写形的艺术宗旨。

第四节　茶与书法

"酒壮英雄胆，茶助文人思"，茶能触发文人创作激情，提高创作效果。但是，茶与书法的联系，更本质的在于两者有着共同的审美理想、审美趣味和艺术特性。两者以不同的形式，表现了共同的民族文化精神，也正是这种精神，将两者永远地联结了起来。

中国书法艺术，讲究的是在简单的线条中求得丰富的思想内涵，就像茶与水那样在简明的色调对比中求得五彩缤纷的效果。它不求外表的俏丽，而注重内在的生命感，从朴实中表现出韵味。对书家来说，要以静寂的心态进入创作，去除一切杂念，意守胸中之气。书法对人的品格要求也极为重要，如柳公权就以"心正则笔正"来进谏皇上。宋代苏东坡最爱茶与书法，司马光便问他："茶欲白墨欲黑，茶欲重墨欲轻，茶欲新墨从陈，君何同爱此二物？"东坡妙答曰："上茶妙墨俱香，是其德也；皆坚，是其操也。譬如贤人君子黔皙美恶之不同，其德操一也。"这里，苏东坡是将茶与书法两者上升到一种相同的哲理和道德高度来加以认识的。此外，如陆游的"矮纸斜行闲作草，晴窗细乳戏分茶"。这些词句，都是对茶与书法关系的一种认识，也体现了茶与书法的共同美。

唐代是书法艺术盛行时期，也是茶叶生产的发展时期。书法中有关茶的记载也逐渐增多，其中比较有代表性的是唐代著名的狂草书家怀素和尚的《苦笋贴》。

宋代，在中国茶业和书法史上都是一个极为重要的时代，可谓茶人迭出，书家群起。茶叶饮用由实用走向艺术化，书法从重法走向尚意。不少茶叶专家同时也是书法名家，比较有代表性的是"宋四家"。

唐宋以后，茶与书法的关系更为密切，有茶叶内容的作品也日益增多。流传至今的佳品有苏东坡的《一夜帖》、米芾的《苕溪诗》、郑燮的《竹枝词》、汪巢林的《幼孚斋中试泾县茶》，等等。

宋朝著名书法家、政治家、茶学家蔡襄，在建州时主持制作武夷茶精品"小龙团"，所著《茶录》总结了古代制茶、品茶的经验。蔡襄工书法，诗文清妙，其书法浑厚端庄，淳淡婉美，自成一体，为"宋四家"之一。

明朝徐渭对茶文化作出的贡献也是杰出的，他不仅写了很多茶诗，还依陆羽之范，撰有《茶经》一卷。与《茶经》同列于茶书目录的尚有《煎茶七类》，徐渭曾以书法艺术的形式表现过该文的内容。徐渭一生坎坷，晚年狂放不羁，孤傲淡泊，他的艺术创作也反映了这一性格特征。在他的书画

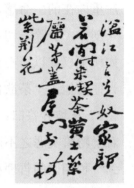

作品中，有关茶的并不多，而行书《煎茶七类》则是艺文合璧，对茶文化和书法艺术研究均属一份宝贵的资料。

清代郑板桥，与茶有关的诗书画及传闻轶事也多为人们所喜闻乐见。郑板桥喜将"茶饮"与书画并论，他在《题靳秋田索画》中如是说："三间茅屋，十里春风，窗里幽竹，此是何等雅趣，而安享之人不知也；懵懵懂懂，没没墨墨，绝不知乐在何处。惟劳苦贫病之人，忽得十日五日之暇，闭柴扉，扫竹径，对芳兰，啜苦茗。时有微风细雨，润泽于疏篱仄径之间，俗客不来，良朋辄至，亦适适然自惊为此日之难得也。凡吾画兰画竹画石，用以慰天下之劳人，非以供天下之安享人也。"郑板桥书作中有关茶的内容甚多，如："溢江江口是奴家，郎若闲时来吃茶，黄土筑墙茅盖屋，门前一树紫荆花。"

晚清著名画家、书法家、篆刻家吴昌硕，所书"角茶轩"，其笔法、气势源于石鼓文。其落款以行草书之，其中对"角茶"的典故、"茶"字的字形作了记述。所谓"角茶趣事"，是指宋代金石学家赵明诚和他的妻子婉约派词人李清照以茶作酬，切磋学问，在艰苦的生活环境下，依然相濡以沫，精研学术的故事。后来，"角茶"典故，便成为夫妇有相同志趣，相互激励，促进学术进步的佳话。

【茶博士】

中国十大名茶

名茶是茶中珍品，是优越的自然条件、优良的茶树品种、精细的采摘方法和精湛的加工工艺相结合的产物。其品质优越，风韵独特，色香味形俱佳，有很高的品茗价值和独特的艺术性。

西湖龙井：我国第一名茶，产于浙江杭州西湖的狮峰、龙井、五云山、虎跑一带，历史上曾分"狮、龙、云、虎"

【66】

四个品类，其中产于狮峰的品质最佳。

洞庭碧螺春：产于江苏吴县太湖之滨的洞庭山，用春季从茶树采摘下的细嫩芽头炒制而成。其条索紧结，白毫显露，色泽银绿，翠碧诱人，卷曲成螺，故名"碧螺"。

祁门红茶：产于安徽祁门山区的红茶，在红茶中身价最为名贵。在国际市场上，祁红还被列为三大高香茶之一。

君山银针：产于岳阳洞庭湖的青螺岛，有"洞庭帝子春长恨，二千年来草更长"的美誉。其冲泡后，三起三落，如雀舌含珠、刀丛林立，美不胜收。

黄山毛峰：产于安徽黄山，主要分布于桃花峰的云谷寺、松谷庵、吊桥庵、慈光阁及半寺周围。其采制十分精细，制成的毛峰茶外形细扁微曲，状如雀舌，相如白兰，味醇回甘。

武夷岩茶：产于福建武夷山，其主要品种有"大红袍""白鸡冠""水仙""乌龙""肉桂"等。武夷岩茶品质独特，它未经窖花，茶汤却有浓郁的鲜花香，饮时甘馨可口，回味无穷，曾有"百病之药"的美誉。

安溪铁观音：产于福建安溪，其茶叶条索紧结，色泽乌润砂绿。好的铁观音，在制作过程中因咖啡碱随水分蒸发还会凝成一层白霜，冲泡后，有天然的兰花香，滋味醇浓。

信阳毛尖：产于河南信阳车云山、集云山、天云山、云雾山、连云山、黑龙潭和白龙潭等群山峰顶上，具有"细、圆、光、直、多白毫、香高、味浓、汤色绿"的独特风格。

都匀毛尖：又名细毛尖、白毛尖，因形似鱼钩和雀舌，又被称为"鱼钩茶"或"雀舌茶"。从明代起就作为贡茶，是崇祯皇帝的至爱，乃茶中真品。

六安瓜片：产于皖西大别山茶区，其中以六安、金寨、霍山三县所产为最。六安瓜片成茶呈瓜子形，因而

得名。此茶不仅可以消暑生津解渴，还有极强的助消化能力。

【故乡的茶】

莱芜干烘茶

莱芜干烘茶，又名"黄大茶"，自明代隆庆年间由安徽霍山、六安传入山东，盛行莱芜，距今已有四百多年的生产历史。史上曾上贡朝廷，有"齐鲁干烘"之称。

莱芜干烘属半发酵茶，通过堆积、闷黄、高火烘焙等工序加工而成，茶性温和，莱芜人根据北方气候、饮食风俗和消费习惯进行烘焙工艺改良制作而成，一直延续至今。莱芜也是干烘茶销量最大的地市之一，周边省市把莱芜的齐鲁干烘作为集散中心，所以才有莱芜齐鲁干烘的说法。齐鲁干烘制法严谨，芳香独到。所采的鲜芽经生锅(杀青)、二青锅(揉捻)、初烘、堆积、闷黄、焙火等工序精制而成。茶如金钩，色泽油亮，茶汤红润，火香袅袅，浓艳清澈，启盖端杯轻闻，其独特香气随即浸入脾胃，且馥郁持久，舌根轻转，醇厚甘鲜，韵味无穷，令人心旷神怡。

干烘茶汤浓色重，具有浓烈的老火香，性温，适于胃不好的人群。此外，干烘茶具有清热利湿、利尿解毒、健胃消食、降脂降压、瘦身美容之功效。在莱芜，上至百岁老人，下至青春少年都爱喝干烘茶。干烘茶之所以受到齐鲁人民的喜爱，是因为当地的饮食习惯，喝干烘茶能"解咸、养胃"，"解

咸"就是能化解人体多吸收的盐分，"养胃"就是暖胃，并能化解油腻，达到降血脂、降血压的目的。

2008年，齐鲁干烘香飘北京，其"大叶红"品牌荣登"百名部长会晤用茶"，使这张莱芜的文化名片从此开启了跨越齐鲁、走向全国的复兴之旅。

古典名著中的茶香

刘心武

中国古典小说里，《三国演义》在生活细节的描写上是点到为止，比如刘备三顾茅庐，经历多次误会，又立候多时，方才终于见到"真佛"诸葛亮；二人叙礼毕，分宾主而坐，童子献茶，什么茶？不再交代，茶具、用水更略而不提。《水浒》则进了一步，对生活场景的描摹，有粗有细，拿写茶来说，就相当细致了。《水浒》中的"王婆贪贿说风情"等情节里，写到王婆的茶肆，那其实应该算是一个冷热饮店，不仅卖茶，也卖别的饮品，如王婆就主动给西门庆推荐过梅汤与和合汤。作者写这些细节，不光是留下了社会生活的斑斓图像，有助于展拓读者阅读时的想象空间，也是揭示人物心理，丰富人物性格的巧妙手段。梅汤，即酸梅汤，应是用酸梅合冰糖熬煮，再添加玫瑰汁桂花蕊等辅料，放凉后，再拌以天然冰碎屑兑成的夏日上等冷饮。王婆向西门庆推荐梅汤，是看穿了西门庆想勾搭潘金莲的野心，以此来暗示自己可以为其"做媒"。后来西门庆踅来踅去，傍晚又踅进王婆的店来，径去帘底下那座头上坐了，朝着武大门前只是顾望，王婆道："大官人，吃个和合汤如何？"和合汤应是用百合、红枣、银耳、桂圆等炖煮的甜饮，一般用在婚宴上，作为最后一道菜，象征夫妻"百年和好"。王婆向西门庆推荐和合汤，是进一步向他暗示，自己有帮助他和潘金莲成就"好事"的能力。在《水浒》接下来的文本里，还写到了姜茶、宽煎叶儿茶，以及"点道茶，撒上些白松子、胡桃肉"，等等，可谓茶香渐浓。

中国古典小说，彻底摆脱《三国》式的"讲史"，以及《水浒》式的"英雄传奇"，长篇大套地讲述俗世中芸芸众生的日常生活，描写最常态的衣食住行、七情六欲、生老病死，始作俑者当推《金瓶梅》。《金瓶梅》里有不少露骨的色情描写，不但"少儿不宜"，就是对成年人，如果心性不够健康者，恐怕也确会产生出诲淫的负面作用。但《金瓶梅》那生动而细腻地描摹日常生活场景，镶金嵌玉般地铺排出令人目不暇接的种种细节，至少作为一个艺术流派的翘楚，是值得我们肯定、赞叹的。《金瓶梅》从《水浒》中"王婆贪贿说风情"前后的情节生发出它的故事，"借树开化"，起头的文字不仅是模仿，而且是爽性完全照搬，但在那嫁接的过程中，它也有了若干微妙的变化，比如写王婆点茶，《水浒》是"点道茶，撒上白松子、胡桃肉"，《金瓶梅》就直书"胡桃松子泡茶"了。

在《金瓶梅》里，不仅写到王婆茶肆的茶，也写到市民家中自饮的茶与待客的茶。比如福仁泡茶，福仁即福建所产的橄榄仁，可以用来泡茶；盐笋芝麻木樨泡茶，盐笋应是盐渍过的笋干，这茶肯定有咸味；梅桂泼卤瓜仁泡茶，有专家指出"梅桂"即玫瑰，这茶大概是甜的；江南凤团雀舌芽茶，这

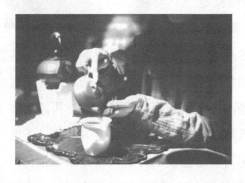

是一种产量很小，极名贵的供品茶，宋朝已值二十两黄金一饼，而且还往往是有价无市，想买也买不到；蜜蜡香茶，把蜜蜂窝压榨后可提炼出蜜蜂蜡，但俗话把根本出不来味道形容成"味同嚼蜡"，不知怎么当时有人用蜜蜡沏茶，怪哉！榛松泡茶；木樨青豆泡茶；咸樱桃的茶；土豆泡茶；芫荽芝麻茶……真是茶香阵阵，袭鼻催津。

但是，看到如许多的关于茶的描写后，我们不禁要问：怎么当时（著书人所处的明朝，或前推到书中所托称的宋朝）人们饮茶，除了茶叶外，往往还要往茶盏里搁那么多其它的东西？又为什么，到清朝以后迄今，这种饮茶习惯竟几乎湮灭无存？

《金瓶梅》第七十二回，写到潘金莲为了讨好西门庆，"从新用纤手抹盏边水渍，点了一盏浓浓酽酽，芝麻盐笋栗系瓜仁核桃仁夹春不老海青拿天鹅木樨玫瑰泼卤六安雀舌芽茶，西门庆刚呷了一口，美味香甜，满心欢喜"。这盏茶，除正经茶叶六安雀舌芽茶外，竟一股脑加入了十种辅料！其中一看就

懂的有芝麻、盐笋（干）、瓜仁、核桃、木樨（桂花）、玫瑰泼卤（玫瑰浓汁）六种，其余四种，栗系应是栗子切成的细丝，核桃仁里所夹的"春不老"应是一种剁碎的腌咸菜，"海青"可能是橄榄，"天鹅"可能是银杏即白果，"海青拿天鹅"可能是橄榄肉里嵌着白果肉。这哪里是茶，分明是一盏汤了！而且酸、甜、苦、辣、咸诸味齐备，固体多于液体，西门庆呷了一口后会觉得美味香甜，大概是"色狼之意不在茶"吧！

《红楼梦》承袭了《金瓶梅》"写日常生活"的艺术传统，但是，它起码在两点上大大地超越了《金瓶梅》，一是文本里浸透了浪漫气息与批判意识，表达了作者的一种人文情怀与社会理想；一是基本上摆脱了色情的描写套路，虽然也写性，却大体上是情色描写（"色情"与"情色"这两个概念的不同，容当另文阐释）。《红楼梦》里写茶的地方也很不少，但往茶汤里配那么多辅料的例子一个也没有了。

第三回写林黛玉初到荣国府，饭后丫头捧上茶来，林黛玉也算大宦人家出来的了，颇为纳闷——她家从养生角度考虑，是不兴饭后马上吃茶的啊——到后来才悟出，荣国府饭后那第一道茶是漱口的，盥手毕，那第二道，才是吃的茶。一个关于茶的细节，对展示贵族府第气派和揭示人物心理特征都起到了作用。

《红楼梦》第四十一回"栊翠庵茶品梅花雪"，不仅写到茶本身，还写到种种珍奇的茶具，以及烹茶所用的水，"旧年蠲的雨水"已然令人感到"何其讲究乃尔"，谁知那妙玉给林黛玉等人吃体己茶时，更用了从太湖边上的玄墓蟠香寺里，梅花上收的雪；是储在鬼脸青的花瓮里，埋在地下五年后，才开出来的！在这一回关于品茶的描写中，不仅凸现出妙玉偏僻诡奇的性格，也通过成窑五彩小盖钟这个道具，草蛇灰线、绵延千里，为八十回后妙玉的命运结局，埋下伏笔。我的"红学探佚小说"《妙玉之死》，便由这盏成瓷杯推衍开去，圆己一说。《红楼梦》里还出现过一盏枫露茶，是用香枫嫩叶，入甑蒸之，取其凝露，几次泡沁而成，这碗茶后来竟酿成丫头茜雪无辜被撵，而八十回后，茜雪又在贾宝玉陷狱时，出现在狱神庙中，我在《妙玉之死》中，写到了那一场景。古典名著中的茶香飘缈，既助我们消遣消闲，又为我们提供了多么开阔的想象空间，融注进了多么丰富的思想内涵啊！

【我与茶行】

1. 从课本中或从网上选择茶诗一首并背诵，下一堂课与同学一起交流。

2. 以小组为单位搜集 10 到 15 副认为别致或有趣的茶联，整理并发送到课程网站上。

技能篇

文治篇

第四章　茶苑百科

　　"芳茶冠六情，溢味播九州"，自古至今，仁人雅士都喜欢品茶，享受茶的宁静、优雅，感受置身事外、淡泊名利的清闲，静静地看茶叶在杯中漫舞，无论新鲜的绿茶还是陈年的黑茶，无论香气清新、色泽翠绿的春芽还是香气浓郁、韵味十足的秋熟，都是那么惬意而美好。倾心相遇，安暖相陪。

【茶闻趣事】

王安石验水惊东坡

　　王安石老年患有痰火症，虽服药，却难以除根。太医院嘱饮阳羡茶，并须用长江瞿塘峡水煎烹。因苏东坡是蜀地人，王安石曾相托于他："倘尊眷往来之便，将瞿塘中峡水携一瓮寄与老夫，则老夫衰老之年，皆子瞻所延也。"不久，苏东坡亲自带水来见王安石。王安石即命人将水瓮抬进书房，亲以衣袖拂拭，将纸封打开。又命僮儿茶灶中煨火，用银铫汲水烹之。先取白定碗一只，投阳羡茶一撮于内。等汤如蟹眼，急取倾入碗内。其茶色半晌方见。王安石问："此水何处取来？"东坡答："巫峡。"王安石道："是中峡了。"东坡

回："正是。"王安石笑道："又来欺老夫了！此乃下峡之水，如何假名中峡？"东坡大惊，只得据实以告。原来东坡因鉴赏秀丽的三峡风光，船至下峡时，才记起所托之事。当时水流湍急，回溯甚难，又自以为一江之水并无不同，只得汲一瓮下峡之水充之。东坡说："三峡相连，一般样水，老大师何以辨之？"王安石道："读书人不可轻举妄动，须是细心察理。这瞿塘水性，出自《水经补注》。上峡水性太急，下峡太缓，惟中峡缓急相半。太医院官乃明医，知老夫中脘变症，故用中峡水引经。此水烹阳羡茶，上峡味浓、下峡味淡、中峡浓淡之间。今茶色半晌方见，故知是下峡。"东坡离席谢罪。

第一节　茶叶分类

目前茶叶分类尚未有统一的方法，按照不同的标准有不同的分类方法。

国际上较为通用的分类法，是按不发酵茶、半发酵茶、全发酵茶来作简单分类。

根据我国茶叶加工初、精制两个阶段的实际情况，将茶叶分为毛茶和成品茶两大部分。

结合茶叶的商品形态可把茶叶分成红茶、绿茶、花茶、乌龙茶、白茶、紧压茶和速溶茶等七大茶类。

有的还按产地划分，将茶叶称作川茶、浙茶、闽茶等，这种分类方法一般仅是俗称。还可以按其生长环境分为平地茶、高山茶、丘陵茶。

按制法和品质划分，以茶多酚氧化程度为序把初制茶叶分为绿茶、黄茶、黑茶、青茶、白茶、红茶等六大茶类。这种方法已被行业内广泛应用。

一、绿茶

绿茶又称不发酵茶，是以适宜茶树新梢为原料，经杀青、揉捻、干燥等典型工艺过程制成的茶叶，其干茶色泽和冲泡后的茶汤、叶底以绿色为主调，故名。

绿茶的特性，较多地保留了鲜叶内的天然物质。其中茶多酚和咖啡碱保留鲜叶的 85%以上，叶绿素保留 50%左右，维生素损失也较少，从而形成了绿茶"清汤绿叶，滋味收敛性强"的特点。中国绿茶中，名品最多，不但香高味长，品质优异，且造型独特，具有较高的艺术欣赏价值。绿茶按其干燥和杀青方法的不同，一般分为炒青、烘青、晒青和蒸青绿茶。

著名绿茶：西湖龙井、黄山毛峰、信阳毛尖、洞庭碧螺春、都匀毛尖、六安瓜片、太平猴魁。

二、红茶

红茶是以适宜的茶树新芽叶为原料，经萎凋、揉捻（切）、发酵、干燥等典型工艺过程精制而成。因其干茶色泽和冲泡的茶汤以红色为主调，故名。红茶属全发酵茶叶。

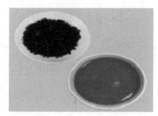

红茶开始创制时称为"乌茶"。红茶在加工过程中发生了以茶多酚酶促氧化为中心的化学反应，鲜叶中的化学成分变化较大，茶多酚减少 90％以上，产生了茶黄素、茶红素等新的成分。香气物质从鲜叶中的 50 多种，增至 300 多种，一部分咖啡碱、儿茶素和茶黄素络合成滋味鲜美的络合物，从而形成了红茶、红汤、红叶和香甜味醇的品质特征。

著名红茶：正山小种、祁门红茶、滇红、宁红、川红、浮梁、闽红。

三、青茶

青茶亦称乌龙茶、半发酵茶，是我国几大茶类中，独具鲜明特色的茶叶品类。

青茶综合了绿茶和红茶的制法，经萎凋、摇青、半发酵、烘焙等工序，滋味格外清香浓厚。其品质介于绿茶和红茶之间，既有红茶浓鲜味，又有绿茶清芬香，有"绿叶红镶边"的美誉，品尝后齿颊留香，回味甘鲜。

青茶为我国特有的茶类，主要产于福建、广东和台湾三个省。近年来四川、湖南等省也有少量生产。

著名青茶：武夷岩茶、武夷肉桂、闽北水仙、铁观音、黄金桂、永春佛手、凤凰水仙、台湾乌龙、大红袍、铁罗汉、白冠鸡、水金龟。

四、白茶

白茶是我国的特产，产于福建省的福鼎、政和、松溪和建阳等县，台湾省也有少量生产。制作白茶采摘的是细嫩、叶背多白茸毛的芽叶，加工时不炒不揉，晒干或用文火烘干，使白茸毛在

茶叶的外表完整地保留下来，所以外表呈白色。

白茶最主要的特点是毫色银白，素有"绿妆素裹"之美感，且芽头肥壮，汤色黄亮，滋味鲜醇，叶底嫩匀。冲泡后品尝，滋味鲜醇可口。尤其是白毫银针，全是披满白色茸毛的芽尖，形状挺直如针，在众多的茶叶中，它是外形最优美者之一，令人喜爱，汤色浅黄，鲜醇爽口，饮后令人回味无穷。

著名白茶：白毫银针、白牡丹、贡眉、寿眉等。

五、黑茶

黑茶属后发酵茶，一般原料较粗老，加之制造过程中往往堆积发酵时间较长，因而叶色油黑或黑褐，故称黑茶。

黑茶的制作工艺一般包括杀青、揉捻、渥堆和干燥四道工序。黑茶是经过渥堆过程微生物的参与所形成的茶，其内含成分与红、绿茶有极大的差异，所表现的功能也不同。黑茶滑口生津，香气饱满而不艳，保存时间越久的老茶，茶香味越浓厚。

著名黑茶：湖南黑砖茶、四川边茶、广西六堡茶、云南普洱熟茶、湖北青砖茶等。

六、黄茶

黄茶属于轻发酵茶，可分为黄大茶、黄小茶和黄芽茶三类。其品质特点是"黄叶黄汤"，这种黄色是制茶过程中进行闷堆渥黄的结果。黄茶芽叶细嫩，显毫，香味鲜醇。由于品种的不同，在茶片选择、加工工艺上有相当大的区别。比如，湖南省岳

阳洞庭湖君山的君山银针茶，采用的全是肥壮的芽头，制茶工艺精细，分杀青、摊放、初烘、复摊、初包、复烘、再摊放、复包、干燥、分级等十道工序，加工后的君山银针茶外表披毛，色泽金黄光亮。

著名黄茶：君山银针、蒙顶黄芽、北港毛尖、霍山黄芽、皖西黄大茶、广东大叶青等。

第二节　茶叶采制

一、茶叶采摘

茶叶采摘好坏，不仅关系到茶叶质量、产量和经济效益，而且还关系到茶树的生长发育和经济寿命的长短，所以，在茶叶生产过程中，茶叶采摘具有特别重要的意义。

茶树采摘的对象是新梢，它是茶树的主要营养器官，是茶树制造养分的"工厂"，要解决好这一矛盾，关键是实行合理采摘。合理采摘就是根据茶树生长特性和各茶类对加工原料的要求，遵循采留结合、量质兼顾和因园制宜的原则，按照标准，适时采摘。一般绿茶都是用手工采的，春茶每隔 3～5 天采一次，夏、秋茶每隔 5～7 天采一次。

手工采茶方法一般有三种：一是掐采，又称折采；二是双手采，这是提高采茶工效的先进手采方法，比单手采效率可提高 50%～100%，但茶树必须具有理想的树冠，采摘面平整，发芽整齐；三是提手采，这是适中标准采摘的手法，也是有机绿茶的主要采法。

采茶之前要用清水洗手。采时不能用指甲掐嫩芽叶，要轻轻地提下来，实行提手采、分朵采。在采摘手法上，一般是用右手大拇指尖与食指的前半部夹住所采芽叶的部位，将芽叶轻轻折下，避免用指甲掐或用手抓，要求保持芽叶完整、新鲜、匀净，不夹带鳞片、鱼叶、茶果与老枝叶。采摘时注意"三不采"，即不采雨水叶、红紫叶、虫伤叶。采下的芽叶不能握在手中过紧，应及时投入篮中，在篮中的芽叶不能压紧，避免发热、变质，影响品质。

单芽

一芽一叶

一芽两叶

用还没舒展开来的嫩芽所制成的茶，一般称为"芽茶类"。根据采摘部位的不同，芽茶又分为单芽、一芽一叶、一芽二叶、一芽三叶。含芽越多，茶的等级越高。

二、茶叶制作

（一）绿茶的制作

1. 摊青。新茶采摘回来后，需将其摊开放在篾晒垫上，中途均匀翻动 3 到 4 次。要自然萎凋 6 到 8 个小时，使茶叶的香气慢慢地散发出来。

2. 杀青。杀青在直径 60 厘米左右的铁锅内进行。制前把锅壁磨光洗净。杀青时锅温控制在 140～180℃，先高后低，手掌心距锅底 30 厘米左右有烫刺感时，投下叶片，每锅投鲜叶 400～500 克。刚下锅时，双手均匀翻炒，以焖为主。当感到叶子烫手并蒸发大量水分时，翻炒加快，以抛为主。要抛得高，撒得开，捞得净，使茶叶均匀受热，水分快速蒸发，避免焦边红叶。当叶质柔软，叶色变暗，清香扑鼻时，迅速将杀青叶取出，放入圆篾盘内抖散摊晾。

3. 揉捻。一锅杀青叶作一次揉捻。手握茶叶，双手回转滚揉或推拉揉，力度掌握"轻重轻"的原则，中间解块 2～3 次，揉至茶汁稍溢，茶叶成条为度。

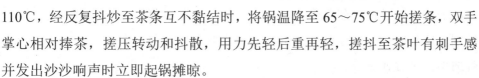

4. 炒坯搓条。将两锅杀青揉捻叶并为一锅进行炒坯。炒坯锅温控制在 90～110℃，经反复抖炒至茶条互不黏结时，将锅温降至 65～75℃开始搓条，双手掌心相对捧茶，搓压转动和抖散，用力先轻后重再轻，搓抖至茶叶有刺手感并发出沙沙响声时立即起锅摊晾。

5. 干燥。分烘干和炒干。烘干在竹制烘笼中进行，笼内铺放洁净的纱布，将茶坯均匀薄摊于纱布上。木炭在盆中燃烧到无烟时，开始烘焙，温度 60～70℃，5～10 分钟翻叶一次，烘至手捏茶叶成粉末（含水量 6% 以下）后停烘，稍经冷却立即包装。炒干即在锅中进行滚炒，锅温 60～65℃，并两锅炒坯茶叶为一锅，滚炒时右手将茶叶沿锅壁往上推，左手将茶叶扒下，使茶叶呈弧形的自由翻落。滚炒速度先快后慢，用力先重后轻，尤其是后期茶叶接近足干，用力要轻巧，以免茶叶断碎，滚炒至手捏茶叶成粉末即可。

（二）红茶的制作

1. 萎凋。萎凋是指鲜叶经过一段时间失水，使一定硬脆的梗叶成萎蔫凋谢状况的过程，是红茶初制的第一道工序。经过萎凋，可适当蒸发水分，叶片柔软，韧性增强，便于造型。此外，这一过程使青草味消失，茶叶清香欲现，是形成红茶香气的重要加工阶段。萎凋方法有自然萎凋和萎凋槽萎凋两种。自然萎凋即将茶叶薄摊在室内或室外阳光不太强处，搁放一定的时间。萎凋槽萎凋是将鲜叶置于通气槽体中，通以热空气，以加速萎凋过程，这是目前普遍使用的萎凋方法。

2. 揉捻。红茶揉捻的目的，与绿茶相同，茶叶在揉捻过程中成形并增进色香味浓度，同时，由于叶细胞被破坏，便于在酶的作用下进行必要的氧化，利于发酵顺利进行。

3. 发酵。发酵是红茶制作的独特阶段，经过发酵，叶色由绿变红，形成红茶红叶红汤的品质特点。其机理是叶子在揉捻作用下，组织细胞膜结构受到破坏，透性增大，使多酚类物质与氧化酶充分接触，在酶促作用下产生氧化聚合作用，其他化学成分亦相应发生深刻变化，使绿色的茶叶产生红变，形成红茶的色香味品质。目前普遍使用发酵机控制温度和时间进行发酵。发酵适度，嫩叶色泽红匀，老叶红里泛青，青草气消失，具有熟果香。

4. 干燥。干燥是将发酵好的茶坯，采用高温烘焙，迅速蒸发水分，达到保质干度的过程。其目的有三：利用高温迅速钝化酶的活性，停止发酵；蒸发水分，缩小体积，固定外形，保持干度以防霉变;散发大部分低沸点青草气味，激化并保留高沸点芳香物质，获得红茶特有的甜香。

第三节　茶叶审评

五项评茶法是我国传统的感官审评方法，即将审评内容分为外形、香气、滋味、汤色和叶底。

一、外形

干茶的外形，主要从五个方面来看，即嫩度、条索、色泽、整碎和净度。

（一）嫩度

一般嫩度好的茶叶，符合外形要求（光、扁、平、直）。但是不能仅从茸毛多少来判别嫩度，因各种茶的具体要求不一样，如极好的狮峰龙井是体表无茸毛的。芽叶嫩度以多茸毛做判断依据，只适合于毛峰、毛尖、银针等"茸毛类"茶。那些为了追求嫩度而只用芽心制茶

的做法是不恰当的，因为芽心是生长不完善的部分，内含成分不全面，特别是叶绿素含量很低。

（二）条索

条索是各类茶具有的一定外形规格，如炒青条形、珠茶圆形、龙井扁形、红碎茶颗粒形等。一般长条形茶，看松紧、弯直、壮瘦、圆扁、轻重；圆形茶看颗粒的松紧、匀正、轻重、空实；扁形茶看平整光滑程度和是否符合规格。

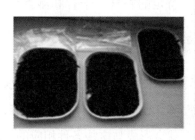

一般来说，条索紧、身骨重、圆（扁形茶除外）而挺直，说明原料嫩，做工好，品质优；如果外形松、扁（扁形茶除外）、碎，并有烟、焦味，说明原料老，做工差，品质劣。

（三）色泽

茶叶色泽与原料嫩度、加工技术有密切关系。各种茶均有一定的色泽要求，如红茶乌黑油润、绿茶翠绿、乌龙茶青褐色、黑茶黑油色等。但是无论何种茶类，好茶均要求色泽一致，光泽明亮，油润

鲜活；如果色泽不一，深浅不同，暗而无光，说明原料老嫩不一，品质劣。茶叶的色泽还和茶树的产地以及季节有很大关系。如高山绿茶，色泽绿而略带黄，鲜活明亮；低山茶或平地茶色泽深绿有光。另外制茶过程中的技术不当，也往往会使色泽劣变。

（四）整碎

整碎就是茶叶的外形和断碎程度，以匀整为好，断碎为次。比较标准的茶叶审评，是将茶叶放在盘中（一般为木质），使茶叶在旋转力的作用下，依形状大小、轻重、粗细、整碎形成有次序的分层。其中粗壮的在最上层，紧细重实的集中于中层，断碎细小的沉积在最下层。各茶类，都以中层茶多为好。上层一般是粗老叶子多，滋味较淡，水色较浅；下层碎茶多，冲泡后往往滋味过浓，汤色较深。

（五）净度

净度主要看茶叶中是否混有茶片、茶梗、茶末、茶籽和制作过程中混入的竹屑、木片、石灰、泥沙等夹杂物的多少。净度好的茶，不含任何夹杂物。此外，还可以通过茶的干香来鉴别。无论哪种茶都不能有异味。每种茶都有特定的香气，干香和湿香也有不同，需根据具体情况来定，青气、烟焦味和熟闷味均不可取。

二、香气

香气是茶叶冲泡后随水蒸气挥发出来的气味。由于茶类、产地、季节、加工方法的不同，就会形成与这些条件相应的香气，如红茶的甜香、绿茶的清香、白茶的毫香、乌龙茶的果香或花香、黑茶的陈醇香、高山茶的嫩香、祁门红茶的砂糖香、黄大茶和武夷岩茶的火香等。审评香气除辨

别香型外，主要比较香气的纯异、高低、长短。纯异指香气与茶叶应有的香气是否一致，是否夹杂其他异味；高低可用浓、鲜、清、纯、平、粗来区分；长短指香气的持久性。茶叶经开水冲泡五分钟后，倾出茶汁于审评碗内，嗅其香气是否正常。以花香、果香、蜜糖香等令人喜爱的香气为佳，而烟、馊、

霉、老火等气味，往往是由于制造处理不良或包装贮藏不良所致。

三、滋味

滋味通常称"茶口"，凡茶汤醇厚、鲜浓者表示水浸出物含量多而且成分好。一般纯正的滋味可以分为浓淡、强弱、鲜爽、醇和几种。好的茶叶浓而鲜爽，刺激性强，或者富有收敛性；不纯正滋味有苦涩、粗青、异味。茶汤苦涩，粗老表示水浸出物成分不好。茶汤软弱、淡薄表示水浸出物含量不足。由于各类茶之不同，其滋味亦异，有的须清香醇和，有的重在入口要刺激而稍带苦涩，有的则讲究甘润而有回味，总之，以少苦涩，带有甘滑醇味，能让口腔有充足的香味或喉韵者为好茶。若苦涩味重、有陈旧味、火味重者则非佳品。

四、汤色

汤色即茶叶形成的各种色素，溶解于沸水中而反映出来的色泽。汤色随茶树品种、鲜叶老嫩、加工方法、栽培条件、贮藏等而变化，但各类茶有一定的色度要求，如绿茶的黄绿明亮，红茶的红艳明亮，乌龙茶的橙黄明亮，白茶的浅黄明亮，等等。审评汤色时，主要抓住色度、亮度、清浊度三方面。最理想的水色是绿茶要清碧浓鲜，红茶要红艳而明亮。低级或变质的茶叶，则水色浑浊而晦暗。

五、叶底

叶底即冲泡后剩下的茶渣。评定方法是以芽与嫩叶含量的比例和叶质的老嫩度来衡量。芽或嫩叶的含量与鲜叶等级密切相关，一般好的叶底，芽与嫩叶含量多。好的叶底表现明亮，细嫩，厚实，稍卷；差的叶底表现暗，粗老，单薄，摊张等。发酵程度红茶

系全发酵茶，叶底应呈红鲜艳为佳；乌龙茶属半发酵茶，绿叶镶红边，以各叶边缘都有红边，叶片中部呈淡绿为上；清香型乌龙茶及包种茶为轻度发酵

茶，其叶以在边缘锯齿稍深位置呈红边，其他部分呈淡绿色为正常。芽尖及组织细密而柔软的叶片愈多，表示茶叶嫩度愈高。叶质粗糙而硬薄则表示茶叶粗老及生长情况不良。色泽明亮而调和且质地一致，表示制茶技术处理良好。以手指捏叶底，一般以弹性强者为佳，表示茶青幼嫩，制造得宜。叶脉突显，触感生硬者为老茶青或陈茶。

第四节　茶叶品鉴

品茶是一门综合艺术。茶叶没有绝对的好坏之分，完全要看个人喜欢哪种口味而定。也就是说，各种茶叶都有它的高级品和劣等货。茶中有高级的乌龙茶，也有劣等的乌龙茶；有上等的绿茶，也有下等的绿茶。所谓的好茶、坏茶是就比较品质的等级和主观的喜恶来说的。

茶叶品鉴主要从观茶、察色、赏姿、闻香、尝味入手。

一、观茶

察看茶叶就是观赏干茶和茶叶开汤后的形状变化。所谓干茶就是未冲泡的茶叶；所谓开汤就是指干茶用开水冲泡出茶汤内质来。

茶叶的外形随种类的不同而有各种形态，有扁形、针形、螺形、眉形、珠形、球形、半球形、片形、曲形、兰花形、雀舌形、菊花形、自然弯曲形等，各具优美的姿态。茶叶开汤后，茶叶的形态会产生各种变化，或快，或慢，宛如妙曼的舞姿，及至展露原本的形态，令人赏心悦目。

茶叶由于制作方法不同，茶树品种有别，采摘标准各异，因而形状显得十分丰富多彩，特别是一些细嫩名茶，大多采用手工制作，形态更加五彩缤纷，千姿百态。

（一）针形

外形圆直如针，如南京雨花茶、安化松针、君山银针、白毫银针等。

（二）扁形

外形扁平挺直，如西湖龙井、茅山青峰、安吉白片等。

（三）条索形

外形呈条状稍弯曲，如婺源茗眉、桂平西山茶、径山茶、庐山云雾等。

（四）螺形

外形卷曲似螺，如洞庭碧螺春、临海蟠毫、普陀佛茶、井冈翠绿等。

君山银针　　　西湖龙井　　　庐山云雾　　　洞庭碧螺春

（五）兰花形

外形似兰，如太平猴魁、兰花茶等。

（六）片形

外形呈片状，如六安瓜片、齐山名片等。

（七）束形

外形成束，如江山绿牡丹、婺源墨菊等。

（八）圆珠形

外形如珠，如泉岗辉白、涌溪火青等。

此外，还有半月形、卷曲形、单芽形，等等。

二、察色

品茶观色，即观茶色、汤色和底色。

（一）茶色

茶叶依其干茶颜色分有绿茶、黄茶、白茶、青茶、红茶、黑茶等六大类。由于茶的制作方法不同，其色泽是不同的，有红与绿、青与黄、白与黑之分。即使是同一种茶叶，采用相同的制作工艺，也会因茶树品种、生态环境、采摘季节的不同，色泽上存在一定的差异。

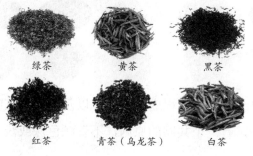

绿茶　　　黄茶　　　黑茶

红茶　　青茶（乌龙茶）　　白茶

如细嫩的高档绿茶，色泽有嫩绿、翠绿、绿润之分；高档红茶，色泽又有红艳明亮、乌润显红之别。而闽北武夷岩茶的青褐油润，闽南铁观音的砂绿油润，广东凤凰水仙的黄褐油润，台湾冻顶乌龙的深绿油润，都是高级乌龙茶中有代表性的色泽，也是鉴别乌龙茶质量优劣的重要标志。

（二）汤色

冲泡茶叶后，内含成分溶解在沸水中的溶液所呈现的色彩，称为汤色。因此，不同茶类汤色会有明显区别，而且同一茶类中的不同花色品种、不同级别的茶叶，也有一定差异。一般来说，凡属上乘的茶品，都汤色明亮、有光泽。具体来说，绿茶汤色浅绿或黄绿，清而不浊，明亮澄澈；红茶汤色乌黑油润，若在茶汤周边形成一圈金黄色的油环，俗称金圈，更属上品；乌龙茶则以青褐光润为好；白茶，汤色微黄，黄中显绿，并有光亮。

将适量茶叶放在透明容器里用热水一冲，茶叶就会慢慢舒展开。可以同时泡几杯来比较不同茶叶的好坏，其中舒展顺利、茶汁分泌最旺盛、茶叶身段最为柔软飘逸的茶叶是最好的茶叶。

观察茶汤要快，要及时，因为茶多酚类溶解在热水中后与空气接触很容易氧化变色，例如绿茶的汤色氧化即变黄，红茶的汤色氧化变暗等，时间拖延过久，会使茶汤浑汤而沉淀。红茶则在茶汤温度降至 20℃以下后，常发生凝乳浑汤现象，俗称"冷后浑"，这是红茶色素和咖啡碱结合产生黄浆状不溶物的结果。冷后浑出现早且呈粉红色者是茶味浓、汤色艳的表征；冷后浑呈暗褐色，是茶味钝、汤色暗的表征。

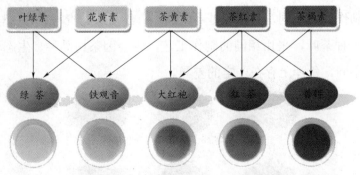

茶汤的颜色也会因为发酵程度的不同，以及焙火轻重的差别而呈现深浅不一的颜色；但是，有一个共同的原则，不管颜色深或浅，一定不能浑浊、

灰暗，清澈透明才是好茶汤应该具备的条件。

在一般情况下，随着汤温的下降，汤色会逐渐变深。在相同的温度和时间内，红茶汤色变化大于绿茶，大叶种大于小叶种，嫩茶大于老茶，新茶大于陈茶。茶汤的颜色，以冲泡滤出后 10 分钟以内来观察较能代表茶的原有汤色。

（三）底色

欣赏茶叶经冲泡去汤后留下的叶底色泽，除看叶底显现的色彩外，还可观察叶底的老嫩、光糙、匀净等。

三、赏姿

茶在冲泡过程中，经吸水浸润而舒展，或似春笋，或如雀舌，或若兰花或像墨菊。与此同时，茶在吸水浸润过程中，还会因重力的作用，产生一种动感。太平猴魁舒展时，犹如片片兰叶摇曳，婀娜多姿；君山银针舒展时，好似翠竹争阳，针针挺立；西湖龙井舒展时，活像春芽怒放。如此美景，掩映在杯水之中，真有茶不醉人人自醉之感。

太平猴魁

四、闻香

对于茶香的鉴赏一般要三闻：一是闻干茶的香气，二是闻泡开后充分显示出来的茶的本香，三是要闻茶香的持久性。

先闻干茶，将少许干茶放在器皿中（或直接抓一把茶叶放在手中），闻一闻干茶的香气，判断一下有无异味、杂味等。干茶中有的清香，有的甜香，有的焦香。如绿茶应清新鲜爽，红茶应浓烈纯正，花茶应芬芳扑鼻，乌龙茶应馥郁清幽。如果茶香低而沉，带有焦、烟、酸、霉、陈或其他异味，则为次品。

将茶泡好、茶汤倒出来后，趁热打开壶盖，或端起茶杯闻闻茶汤的热香，判断一下茶汤的香型（有菜香、花香、果香、麦芽糖香），同时要判断有无烟味、油臭味、焦味或其他异味。这样，可以判断出茶叶的新旧、发酵程度、焙火轻重。在茶汤温度稍降后，即可品尝茶汤。这时可以

仔细辨别茶汤香味的清浊浓淡及闻闻中温茶的香气，更能认识其香气特质。等喝完茶汤、茶渣冷却之后，还可以回过头来欣赏茶渣的冷香，嗅闻茶杯的杯底香。如果劣等的茶叶，这个时候香气已经消失殆尽了。一般来说，绿茶有清香鲜爽感，甚至有果香、花香为佳；红茶以有清香、花香为上，尤以香气浓烈、持久为上乘；乌龙茶以具有浓郁的熟桃香为好；而花茶则以具有清纯芬芳为优。

嗅香气的技巧很重要。在茶汤浸泡5分钟左右就应该开始嗅香气，最适合嗅茶叶香气的叶底温度为45～55℃。超过此温度时，感到烫鼻；低于30℃时，茶香低沉，特别对染有烟气、木气等异气者，很容易随热气挥发而变得难以辨别。

嗅香气应以左手握杯，靠近杯沿用鼻趁热轻嗅或深嗅杯中叶底发出的香气，也可将整个鼻部深入杯内，接近叶底以扩大接触香气面积，增加嗅感。为了正确判断茶叶香气的高低、长短、强弱、清浊及纯杂等，嗅时应重复一两次，但每次嗅时不宜过久，以免因嗅觉疲劳而失去灵敏感，一般是3秒左右。嗅茶香的过程是：吸（1秒）—停（0.5秒）—吸（1秒），依照这样的方法嗅出茶的香气是"高温香"。另外，可以在品味时，嗅出茶的"中温香"。而在品味后，更可嗅茶的"低温香"或者"冷香"。好的茶叶，有持久的香气。只有香气较高且持久的茶叶，才有余香、冷香，也才会是好茶。

五、尝味

茶汤滋味是茶叶的甜、苦、涩、酸、鲜等多种呈味物质综合反映的结果，如果它们的数量和比例适合，就会变得鲜醇可口，回味无穷。茶汤的滋味以微苦中带甘为最佳。好茶喝起来甘醇浓稠，有活性，喝后喉头甘润的感觉持续很久。

一般认为，绿茶滋味鲜醇爽口，红茶滋味浓厚、强烈，乌龙茶滋味酽醇回甘，这些都是上乘茶的重要标志。由于舌的不同部位对滋味的感觉不同，所以尝味时要使茶汤在舌头上循环滚动，才能正确而全面地分辨出茶味来。

品茶汤滋味时，舌头的姿势要正确。把茶汤吸入口后，舌尖顶住上层齿根，嘴唇微微张开，舌稍向上抬，使茶汤摊在舌的中部，再用腹部呼吸从口慢慢吸入空气，使茶汤在舌上微微滚动，连吸两次气后，便可辨出滋味。若初感有苦味的茶汤，应抬高舌位，把茶汤压入舌根，进一步评定苦的程度。对有烟味的茶汤，应把茶汤送入口后，嘴巴闭合，舌尖顶住上颚，用鼻孔吸气，把口腔鼓大，使空气与茶汤充分接触后，再由鼻孔把气放出。这样重复二三次，对烟味的判别效果就会明确。

品味茶汤的温度以 40～50℃为最合适。如高于 70℃，味觉器官容易烫伤，影响正常的评味；低于 30℃时，味觉品评茶汤的灵敏度较差，且溶解于茶汤中与滋味有关的物质，在汤温下降时逐步被析出，汤味由协调变为不协调。

品味要自然，速度不能快，也不宜大力吸，以免茶汤从齿间隙进入口腔，使齿间的食物残渣被吸入口腔与茶汤混合，增加异味。品味主要是品茶的浓淡、强弱、爽涩、鲜滞、纯异等。为了真正品出茶的本味，在品茶前最好不要吃强烈刺激味觉的食物，如辣椒、葱蒜、糖果等，也不宜吸烟，以保持味觉与嗅觉的灵敏度。在喝下茶汤后，喉咙感觉应是软甜、甘滑、有韵味，齿颊留香，回味无穷。

【茶博士】

茶叶贮藏方法

坛藏法：将茶叶放置在坛子里面，放于通风阴凉之处，可以保存较长时间。选用的坛子为传统的瓦缸、陶瓷坛子、陶土（紫砂）坛子等，最好有盖。将茶叶取出后放置在白纸上，白纸最好选择可分解的白纸，如谷草纸或玉米纸等，将茶叶分成小包，每包不超过 0.5 千克，外面再包裹一层牛皮纸，并用绳子扎好后依次放入坛子里面。茶叶的四周放入干燥剂，比如干木炭、生石灰或者硅胶等。将坛子口密封好，放置在干燥通风的地方。坛子表面要覆盖一层透气的纸张，同时标注好茶叶的存放量、时间。同一个坛子里面最好只存放一种茶叶，以免茶叶之间串味。

罐藏法：目前，有许多家庭采用铁罐、锡罐、竹盒或木盒等装茶。这些罐或盒，若是双层的，其防潮性能更好。

如果是新买的罐子，或原先存放过其他物品留有味道的罐子，可先用少许茶末置于罐内，盖上盖子，上下左右摇晃，轻擦罐壁后倒弃，以去除异味。市面上有贩售两层盖子的不锈钢茶罐，简便而实用，如能配合以清洁无味之塑料袋装茶后，再置入罐内盖上盖子，以胶带黏封盖口则更佳。装有茶叶的金属罐应置于阴凉处，不要放在阳光直射、有异味、潮湿、有热源的地方，这样金属罐不易生锈，亦可减缓茶叶陈化、劣变的速度。如果罐装茶叶暂时不饮，可用透明胶纸封口，以免潮湿空气渗入。

袋藏法：这是家庭贮藏茶叶最简便、最经济的方法之一。用塑料袋包装茶叶，能否起到有效的保藏作用，关键是：一要茶叶本身干燥，二要选择好包装材料。最好选有封口且装食品用的塑料袋，材料厚实、密度高的较好，不要用有味道或再生塑料袋。装入茶后袋中空气应尽量挤出，如能用第二个塑料袋反向套上则更佳，用透明塑料袋装茶后不易照射阳光。

冷藏法：用冰箱冷藏茶叶，可以收到令人满意的效果。最好将买回来的茶分袋包装，密封后装置于冰箱内，然后分批冲泡，以减少茶叶开封后与空气接触的机会，延缓品质劣变的产生。贮存期六个月以内者，冷藏温度以维持 0～5℃最经济有效；贮藏期超过半年者，以冷冻（-10～-18℃）较佳。贮存以专用冷藏（冷冻）库最好，如必须与其他食物共冷藏（冻），则茶叶应妥善包装，完全密封以免吸附异味。由冷藏库内取出茶叶时，应先让茶罐内茶叶温度回升至室温相近，才可取出茶叶，否则骤然打开茶罐，茶叶容易凝结水气增加含水量，使未泡完的茶叶加速劣变。

藏茶禁忌：

（1）忌茶叶含水量较多；

（2）严禁茶叶与异味接触；

（3）防止茶叶挤压；

（4）忌将茶叶放在高温的地方。

【故乡的茶】

日照茶

日照绿茶产于山东省日照市。日照是世界茶学家公认的三大海绿茶城市之一（另两个分别为韩国宝城和日本静冈）。日照绿茶具有干茶墨绿，冲泡后汤色黄绿明亮、栗香浓郁、回味甘醇、香气高，叶片厚、耐冲泡等独特优良品质，被誉为"中国绿茶新贵"。2006年3月，国家质检总局批准对日照绿茶实施地理标志产品保护。

日照地处鲁东南，东临黄海，属暖温带湿润季风气候，光照充足，雨量充沛，很适合种植茶叶。自1966年"南茶北移"成功后，日照绿茶茶园面积目前已达到26.5万亩，年产量达15万吨，干毛茶总产值25.8亿元，面积和产量分别占山东省的60%以上和75%以上，成为山东省最大的绿茶生产基地。

日照茶树越冬期比南方长1~2个月，昼夜温差大，利于内含物的积累，含有丰富的维生素、矿物质和对人体有用的微量元素，儿茶素、氨基酸的含量分别高于南方茶同类产品13.7%、5.3%。日照绿茶具有特殊的香气，生津指数远远高于其他饮品，有很好的润喉效果，而且耐冲泡，茶多酚高于其他茶叶，解暑效果明显。

日照绿茶的制作工艺十分复杂，包括采茶、摊凉、杀青、揉捻、搓团提毫、烘干等工序。采摘叶必须用竹篓装盛，以防鲜叶红变和闷熟；进厂后抖松摊放，厚度不超过10厘米，摊放时间3~4小时，鲜叶开始透发香气即开始加工；杀青则采用国际最先进的汽热杀青机，叶失水率在35%~37%，也可用手工杀青并完成后摊凉；搓团提毫则采用手工操作，凭制茶技工经验加以调节，边搓团，边解块散热，搓制条形卷曲，茸毫显露，干燥达80%即可。

2004年2月，"日照绿茶"商标被山东省工商行政管理局认定为全省著名商标，成为山东省，乃至中国茶叶证明商标中唯一的著名商标。2011年5月，"日照绿茶"商标被国家工商总局认定为中国驰名商标。

【茶语人生】

两方茶语

余秋雨

这两天伙伴们驱车北行，我独居曼彻斯特，需要自己安排吃喝，于是想起了英国人在这方面的习性。

在吃的方面，意大利有很好的海鲜，德国有做得不错的肉食，法国是全方位的讲究，而英国则有点平淡。英国菜也不是做得不好吃，最大的弊病是单调。

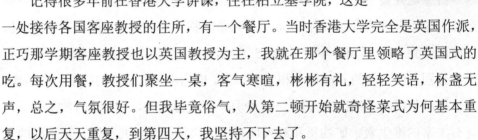

记得很多年前在香港大学讲课，住在柏立基学院，这是一处接待各国客座教授的住所，有一个餐厅。当时香港大学完全是英国作派，正巧那学期客座教授也以英国教授为主，我就在那个餐厅里领略了英国式的吃。每次用餐，教授们聚坐一桌，客气寒暄，彬彬有礼，轻轻笑语，杯盏无声，总之，气氛很好。但我毕竟俗气，从第二顿开始就奇怪菜式为何基本重复，以后天天重复，到第四天，我坚持不下去了。

我很想从那些教授之中找到一个共鸣者，但每天阅读他们的脸色眼神，半点痕迹都找不到，一口口吃得那么优雅而快乐，吃着每天一样的东西。我看他们久了，他们朝我点头，依然是客气寒暄，彬彬有礼，轻轻笑语，杯盏无声。

我终于找到了管理人员，用最婉和的语气说："怎么，四天的菜式，没有太大变化？"

那位年老的管理人员和善地对我说："四天？四十年了，也没有太大的变化。"

第二天我就开始到学生食堂用餐。

这件事，让我惊讶的不是菜式，而是英国教授的接受能力和忍耐能力，尤其是那永远优雅快乐的表情。因为我看出来了，四十年不变，正是这种表情诱导的结果。管理人员怕表情有变，于是以坚定不移的菜式来保证不变。

这次来英国后我们已经吃过好几次英国菜，确实说不上什么，于是仍然去找中餐馆。

事事精细的英国，对于如此重要的吃，为何不太在乎？

他们比较在乎喝。

但这也是三百年来的事。在十七世纪中期之前，当咖啡还没有从阿拉伯引进，茶叶还没有从中国运来，他们有什么可喝呢？想想也是够可怜的。

据记载，英国从十七世纪中期开始从中国进口茶叶，数量很少，但一百年后就年进口二千多吨了，再加上走私的七千多吨，年耗已达万吨。到十九世纪，他们对茶叶的需要已经到了难于控制的地步，以至只能用鸦片来平衡白银的进出。后来他们又试验在自己的属地印度种茶而成功，去年冬天我到印度大吉岭和尼泊尔，就看到处处都卖当地茶，便是那个时候英国人开的头。

英国人在印度、尼泊尔和锡兰种的茶，由于地理气候的独特优势，品质很高，口感醇洌，我很喜欢。现在英国每天消耗茶的大部分，还是来自那里。

相比之下，中国的绿茶清香新鲜，泡起来满杯春意，缺点是喝不多。上口称绝，但加两回水就淡然无味，如重新换茶叶，喝起来也远不如刚才。天下过于娇嫩新鲜的事总是这样，不宜短时间重复，而喝茶的风情正在于绵延。可以重复而口感一直不错的是乌龙茶，制作最讲究的是台湾。"冻顶乌龙"，听这名字就有一种怪异的诗意。不过这些年我又渐渐觉得，台湾茶的制作有点过度，香味过于浓郁，宁肯喝海峡对面福建的优质乌龙了。中国喝茶的诗意是中国文化的产物，不管是绿茶娇嫩的诗意还是乌龙绵长的诗意都由来已久。即便不说陆羽的《茶经》，从一般诗文中总能频频嗅到茶香。据我认识的一位中国茶文化研究者说，茶文化最精致的部位也最难保存，每每毁于兵荒马乱之中，后来又从解渴的原始起点上重新种植和焙制，不知断了多少回，死了多少回，但由于那些诗文在，喝茶的诗意却没有断，没有死。

英国进口了中国茶，没有进口中国茶的诗意。换言之，他们把中国茶文化的灵魂留下了，没带走。因此同样是茶，规矩的中国喝法与规矩的英国喝法完全是两回事。

英国有大诗人，但在实际生活中，例如在饮食上不太讲究诗意，这与法国人有很大差别；而法国人在饮食上的诗化追求与中国人在饮食上的诗化追求又完全不同。

英国快速地把这种好不容易从遥远的东方买来的饮品当作贵族社会的一种生活标志，而贵族的生活正是社会各界趋附的对象，因此中国茶在那里完全改变了角色、转换了身份。

当初英国贵族请人喝茶，全由女主人一人掌管，是女主人显示身份、权力、财富及风雅的机会。她神秘地捧出了那个盒子，打开盒子的钥匙只有一把，就掌握在她一人手上，于是当众打开，引起大家一阵惊叹。杯盏早就准备好了，招呼仆人上水。但仆人只有提水的分，与茶叶有关的事，都必须由女主人亲自整治。中国泡茶有时把茶叶放在茶壶里，有时则把茶叶分放在每人的茶杯里，让客人欣赏绿芽褐叶在水里飘荡浸润的鲜活样子。英国当时全用茶壶，一次次加水，一次次倾注，一次次道谢，一次次煞有介事地点头称赞，终于，倾注出来的茶水已经完全无色无味。

到此事情还没有完。女主人打开茶壶盖，用一个漂亮的金属夹子把喝干净了的茶叶——中国说法也就叫茶渣吧——小心翼翼地夹出来，一点点平均地分给每一位客人。客人们如获至宝，珍惜地把茶渣放在面包片上，涂一点黄油大口吃下。

他们这样喝茶，如果被陆羽他们看到，真会瞠目结舌。既不是中国下层社会的解渴，也不是中国上层社会的诗意，倒成了一种夸张地显示尊贵的仪式，连那茶渣也鸡犬升天。虽然尊贵，但茶的"文化国籍"已经更换，因此他们也就贪图方便，到自己的属地印度、尼泊尔、锡兰去种茶了。

茶被英国广泛接受之后，渐渐变成一种每日不离的生活方式，再也不是贵族式的深藏密裹了。至今英国人对茶的日消费量仍是世界之冠，已经无法想象如果没有茶，英国人的日子怎么过。

中国文化人千万不要再从这个现象洋洋得意地证明中国文化对欧洲的征服，我前面已说过，他们喝茶已剥除了中国诗意和中国文化，因此每日不离的原因要从别处来寻找。在我看来，基本原因比较原始，是由于茶提供了一种于健康、风度无损的轻微刺激，而接受这种刺激又成为片刻放松的借口，于是每天就有了一种以喝茶为节拍的生活节奏。

既然如此，英国人一般不喝太浓的茶，很少听到他们有喝茶喝"醉"了的事，但这在中国常有，特别是喜欢喝乌龙和普洱的族群。每天淡然于一种固定的节奏中，这也正是他们在饮食中缺少诗意的表现。

通过茶来作文化比较，可以产生很多有趣的想头，而我感到最难解的是这样一个问题：英国从中国引进茶叶才三百多年，却构成了一种最普及的生活方式，而中国人喝茶的历史实在太久了，至今还彻底随意，仍有大量的人群对茶完全无缘，这是为什么在英国很难找到完全不喝茶的人，但在中国到处都是。我在台湾的朋友隐地先生，傍着那么好的台湾茶却坐怀不乱，只喝咖啡。哪天如果咖啡馆里轻轻的音乐与咖啡的风味不谐，他耳朵尖如利刺，立即听出，而且坐立不安，一定要去与经理交涉。那次他知道我爱喝茶而瞒着我到茶叶店买好茶，回来对我的惊讶描述使我确知他是第一次那么近距离地接触茶叶。看着这位年长的华文诗人，我简直难以置信。另一个特例就是这次与我一起考察欧洲的同伴邱志军先生。晚饭前在餐厅只要喝一口那种淡如清水的茶水，只一口，他居然可以整夜兴奋得血脉贲张，毫无睡意，直到旭日东升。

写到这里我笑了，因为又想起一件与茶有关的趣事。四川是中国茶文化的重地，我在那里有一位朋友天天做着与茶有关的社会事务，高朋如云，见多识广，但他的太太对茶却一窍不通。春节那天有四位朋友相约来拜年，沏出四杯茶招待，朋友没喝就告辞了，主人便出门送客。他太太收拾客厅时深为四杯没喝过的好茶可惜，便全部昂脖喝了。但等到喝下才想起，丈夫说过，这茶喝到第三杯才喝出味道，于是照此办理，十二杯下肚。据那位主人后来告诉我，送客回家才片刻时间，只见太太两眼发光，行动不便，当然一夜无眠，只听腹鸣如潮。我笑他夸张，谁知他太太在旁正色告诉我："这是我第一回也是最后一回喝茶。"

英国人思维自由而生态不自由，说喝下午茶便全民普及，同时同态，鲜有例外；中国人思维不自由而生态自由，管你什么国粹、遗产，诗意、文化，全然不理，各行其是，最普及的事情也有大量的民众不参与、不知道。

【我与茶行】

1. 与小组同学一起，选择一家茶店，请店主介绍一下该店的茶叶有哪些种类，可以的话请店主或店员简单介绍一下各类茶叶的特点，并记录（可录音），如果店主允许，用手机拍下各类茶叶的照片。将资料整理后，以小组为单位将其上传至课程网站。

2. 在家里与家长一起泡一壶茶，就你在本章学到的知识，对该茶做一下评价。

第五章　择器选水

　　品名茶芳香，尝醇茶韵味。茶砚高贵典雅、古韵悠扬，可以增强品茗的乐趣；茶盘以端石的灵性与茶文化完美相融，令茶韵育于自然，融于自然，令茗茶者修养身心；茶玩产品巧夺天工，栩栩如生，增强品茶情操，享受茶文化，带来了静谧意境，品位不凡。

【茶闻趣事】

东坡提梁壶的传说

传说宋朝大学士苏东坡晚年不得志，弃官来到蜀山，闲居在蜀山脚下的凤凰村。他喜欢吃茶，对吃茶也很讲究。此地既产素负盛名的"唐贡茶"，又有玉女潭、金沙泉好水，还有"海内争求"的紫砂壶。有了这三样东西，苏东坡吃吃茶、吟吟诗，倒也觉得比在京城做官惬意，但这三者之中苏东坡还感到有一样东西美中不足。什么呢？就是紫砂茶壶都太小，怎么办呢？苏东坡想：我何不按照自己的心意做一把大茶壶？对，自己做茶壶自己用！他叫书童买来上好的天青泥和几样必要的工具，开始动手了。谁知看似容易做却难，苏东坡一做做了几个月，还是一筹莫展。

一天夜里，小书童提着灯笼送来夜点心，苏东坡手捧点心，眼睛却朝灯笼直转，心想：哎！我何不照灯笼的样子做一把茶壶？吃过点心，说做就做，一做就做到鸡叫天亮。等到粗壳子做好，毛病就出来了：因为泥坯是烂的，茶壶肩部老往下塌。苏东坡想了个土办法，劈了几根竹爿（pán），撑在灯笼壶肚里头，等泥坯变硬一些，再把竹爿拿掉。

灯笼壶做好，又大又光滑，不好拿，一定要做个壶把。苏东坡思量：我这把茶壶是要用来煮茶的，如果像别的茶壶那样把壶把装在侧面肚皮上，火一烧，壶把就烧得乌漆墨黑，而且烫手。怎么办？他想了又想，抬头见屋顶的大梁从这一头搭到那一头，两头都有木柱撑牢，灵机一动说："有了！"赶紧动手照屋梁的样子来做茶壶把。经过几个月的细作精修，茶壶做成了，苏东坡非常满意，就起了个名字叫"提梁壶"。

因为这种茶壶别具一格，后来就有一些艺人仿造，并把这种式样的茶壶叫作"东坡提梁壶"，或简称"提苏"。

苏东坡煎茶歌中的一句名词"松风竹炉，提壶相呼"，题铭壶上。

第一节　茶器的分类

中国茶具历史悠久，工艺精湛，品类繁多。其发展过程主要表现为由粗趋精，由大趋小，由简趋繁，复又返璞归真，从简行事，经历古朴、富丽、淡雅三个阶段。茶具因茶而生，是"茶之为饮"的结果。茶具以陶瓷材料为最佳，既不夺香又无熟汤气。茶具又因茶人的参与而成为茶文化的载体，茶具之变化，为茶文化的发展史勾勒出一条美丽的弧线。

茶具主要是指茶杯、茶碗、茶壶、茶盏、茶碟、托盘等饮茶用具。有学者认为西汉王褒的《僮约》为中国最早的茶具史料，其中"烹茶尽具"释为煮茶和清洁茶具。系统而完整记述茶具的为唐代陆羽的《茶经》，将饮茶器具统称为茶器，并将其分为 8 大类 24 种共 29 件，这是历史上对茶具的第一次系统的总结，标志着专用茶具的正式确立与逐渐多样化。

宋代前期，饮用茶类和饮茶方法基本与唐代相同，茶具相差无几。元代基本沿袭宋制，但制作精致，装饰华丽。从明代开始，条形散茶在全国兴起，烹茶用沸水直接冲泡，茶具开始简化。清代沿用明代茶具，其品种门类更全。近代，茶具的品种、花色更多，造型艺术上比过去精巧美观，材料和工艺均有新的发展。目前我国茶具，种类繁多，质地迥异，形式复杂，花色丰富，一般分为陶土茶具、瓷器茶具、漆器茶具、玻璃茶具、金属茶具和竹木茶具。

一、陶土茶具——流露韵致

陶土器具是新石器时代的重要发明。最初是粗糙的土陶，以后逐步演变为比较坚实的硬陶，再发展为表面敷釉的釉陶。宜兴古代制陶颇为发达，在商周时期就出现了几何印纹硬陶，秦汉时期已有釉陶的烧制。晋代杜育《荈赋》中"器择陶简，出自东隅"，首次记载了陶茶具。

北宋时，江苏宜兴采用紫泥烧制成紫砂陶器，使陶茶具的发展走向高峰，成为中国茶具的主要品种之一，明代大为流行。紫砂壶和一般陶器不同，其里外都不施釉，采用当地的紫泥、红泥、绿泥抟制焙烧而成。内部的双重气孔使紫砂茶具具有良好的透气性能，泡茶不走味，贮茶不变色，盛夏不易馊，经久使用，还能汲附茶汁，蕴蓄茶味。紫砂茶具还具有造型简练大方，色调淳朴古雅的特点，外形有似竹节、莲藕、松段和仿商周古铜器形状的。《桃溪客语》说："阳羡（即宜兴）瓷壶自明季始盛，上者与金玉等价。"可见其名贵。

明清时期为紫砂茶具制作的兴旺期。明永乐帝曾下旨造大批僧帽壶，推动了紫砂茶具的发展。

明 时大彬 僧帽壶

明代周高起的《阳羡茗壶系》记载："僧闲静有致，习与陶缸瓮者处，抟其细土，加以澄炼，捏筑为胎，规而圆之，刳使中空，踵傅口、柄、盖、的，附陶穴烧成，人遂传用。"

宜兴紫砂壶名家始于明代供春，供春的制品被称为"供春壶"，造型新颖精巧，质地薄而坚实，被誉为"供春之壶，胜如金玉"。

供春壶

其后的四大家，即董翰、赵梁、袁锡、时朋均为制壶高手，作品罕见。同时代李茂林用"匣钵"法，即将壶坯放入匣钵再行烧制，不染灰泪，烧出的壶表面洁净，色泽均匀一致，至今沿用。清代名匠辈出，陈鸣远、杨彭年等形成不同的流派和风格，工艺渐趋

陈鸣远 南瓜壶

精细。陈鸣远制作的茶壶，线条清晰，轮廓明显，壶盖有行书"鸣远"印章，至今被视为珍藏品。杨彭年的制品，雅致玲珑，不用模子，随手捏成，天衣无缝，被人推为"当世杰作"。近代、现代程寿珍、顾景舟、蒋蓉等承前启后，使紫砂壶的制作又有新发展。紫砂茶具已成为人们的日常用品和珍贵的收藏品。

二、瓷器茶具——张扬风格

自古以来，瓷器就以其独特的魅力在中国艺术品中占有不可替代的位置。素雅清新的青花瓷、柔和灵逸的粉彩瓷、透明如水的薄胎瓷、鲜亮可爱的斗

彩瓷、艳丽华贵的珐琅瓷，穿越历史而来，精美绝伦，举世瞩目。

瓷器系中国发明，滥觞于商周，成熟于东汉，发展于唐代。瓷脱胎于陶，初期称"原始瓷"，至东汉才烧制成真正的瓷器。瓷器茶具的品种很多，其中主要有青瓷茶具、白瓷茶具、黑瓷茶具等，这些茶具在中国茶文化发展史上，都曾有过辉煌的一页。

（一）青瓷茶具

青瓷茶具质地细腻，釉色晶莹，青中泛蓝，如冰似玉，有的宛若碧峰翠色，有的犹如一壶春水。唐代诗人陆龟蒙以"九秋风露越窑开，夺得千峰翠色来"的名句赞美青瓷。青瓷因色泽青翠，用来冲泡绿茶，更有益汤色之美。

青瓷茶具晋代开始发展，主要产地在浙江，最流行的一种叫"鸡头流子"的有嘴茶壶。唐代烧制茶具最出名的有越窑、邢窑，有着"南青北白"的美誉，越州青瓷在唐代极为世人所推崇，唐代顾况《茶赋》云"舒铁如金之鼎，越泥似玉之瓯"。唐代茶壶称"茶注"，壶嘴称"流子"，形式短小。宋代饮茶之风比唐代更为流行，饮茶多使用茶盏，盏托也更为普遍。陶瓷工艺在宋朝有了划时

代的重大发展，历史上的官窑、哥窑、汝窑、定窑、钧窑五大名窑在那时已形成规模，陶瓷工艺空前繁荣。值得一提的是，造瓷艺人章生一、章生二兄弟俩的"哥窑""弟窑"生产的各

类青瓷茶具，包括茶壶、茶碗、茶盏、茶杯、茶盘等，已达到鼎盛时期，远销各地。哥窑瓷，胎薄质坚，釉层饱满，色泽静穆，有粉青、灰青、翠青、蟹壳青等颜色，以粉青最为名贵；弟窑瓷，造型优美，胎骨厚实，光润纯洁，有梅子青、豆青、粉青、蟹壳青等颜色，以梅子青、粉青最佳。明代，青瓷茶具更以其质地细腻、造型端庄、釉色青莹、纹样雅丽而蜚声中外。16世纪

末，龙泉青瓷出口法国，轰动整个法国，人们用当时风靡欧洲的名剧《牧羊

女》中的女主角雪拉同的美丽青袍与之相比，称龙泉青瓷为"雪拉同"，至今法国人对龙泉青瓷仍沿用这一美称。

（二）白瓷茶具

我国白瓷最早出现于北朝，成熟于隋代。唐代盛行饮茶，民间使用的茶器以越窑青瓷和邢窑白瓷为主，形成了陶瓷史上著名的"南青北白"的对峙格局。唐代诗人皮日休的《茶瓯》诗有"邢客与越人，皆能造瓷器，圆似月魂堕，轻如云魂起，枣花似旋眼，萍沫香沾齿，松下时一看，支公亦如此"之说。

白瓷，早在唐代就有"假白玉"之称，并"天下无贵贱通用之"。唐代还出现茶托子，既有避免烫手的实用价值，还增加了茶碗的装饰性，给人以庄重感。

元代青花梨形执

越窑所出的荷叶边盏托，造型端庄秀丽，是茶具的精品。在北宋，景德窑生产的瓷器，质薄光润，白里泛青，雅致夺目。到了元代，江西景德镇出品的白瓷茶具以其"白如玉、明如镜、薄如纸、声如磬"的优异品质而蜚声海内外。景德镇的白瓷彩绘茶具，清丽多姿，质地莹澈，其外壁多绘有山川河流、四季花草、飞禽走兽、人物故事，或缀以名人书法，又颇具艺术欣赏价值，所以使用最为普遍。

白瓷以江西景德镇最为著名，其次如湖南醴陵、河北唐山、安徽祁门等地的白瓷茶具也各具特色。

明青花团龙纹提梁壶

（三）黑瓷茶具

黑瓷茶具始于晚唐，鼎盛于宋，延续于元，衰微于明清。这是因为自宋代开始，饮茶方法已由唐代时煎茶法逐渐改变为点茶法，而宋代流行的斗茶，又为黑瓷茶具的崛起创造了条件。宋代最受文人欢迎的茶具，并不产于五大名窑，大多是产于福建建州窑的黑瓷。这是因为宋人斗茶之风盛行，茶汤呈白色，而"斗茶"茶面泛出的茶汤更是纯白色，建盏的黑

宋建窑黑釉碗

釉与雪白的汤色，相互映衬，黑白分明，斗茶效果更为明显。这种建盏在宋元时流入日本，被称为天目碗，至今仍可以在日本茶道中见到踪迹。

宋蔡襄的《茶录》说："茶色白，宜黑盏，建安所造者绀黑，纹如兔毫，其坯微厚，熁之久热难冷，最为要用。出他处者，或薄或色紫，皆不及也。其青白盏，斗试家自不用。"这种黑瓷兔毫茶盏，风格独特，古朴雅致，而且瓷质厚重，保温性能较好，故为斗茶家所珍爱。

宋建窑兔毫天目茶碗

三、竹木茶具——新颖别致

竹木茶具是指用竹或木采用车、雕、琢、削等工艺制成的茶具。竹茶具大多为用具，如竹夹、竹瓢、茶盒、茶筛等；木茶具多用于盛器，如碗、涤方等。竹木茶具，古代有之。竹木茶具形成于中唐，陆羽在《茶经·四之器》中开列的 29 件茶具，多

数是用竹木制作的。宋代沿袭，并发展用木盒贮茶。明清两代饮用散茶，竹木茶具种类减少，但工艺精湛，明代竹茶炉、竹架、竹茶笼及清代的檀木锡胆贮茶盒等传世精品均为例证。近代和现代的竹木茶具趋向于工艺和保健。在少数民族地区，竹木茶具仍占有一定位置，哈尼族、傣族的竹茶筒、竹茶杯，藏族和蒙古族的木碗，布朗族的鲜粗毛竹煮水茶筒均是。

竹木茶具轻便实用，取材容易，制作方便，对茶无污染，对人体又无害，因此，自古至今，一直受到茶人的欢迎。

四、玻璃茶具——晶莹剔透

玻璃，古人称为流璃或琉璃，实是一种有色半透明的矿物质。用这种材料制成的茶具，能给人以色泽鲜艳，光彩照人之感。因此，用它制成的茶具，形态各异，用途广泛，加之价格低廉，购买方便，而受到茶人好评。在众多的玻璃茶具中，以玻璃茶杯最为常见，用它泡茶，茶汤的色泽、茶叶的姿色，以及茶叶在冲泡过程中的沉浮移动，都尽收眼底，观之赏心悦目，别有风趣。因此，用来

冲泡各种细嫩名优茶，最富品赏价值，家居待客，也不失为一种好的饮茶器皿。但玻璃茶杯质脆，易破碎，比陶瓷烫手，是美中不足。

五、漆器茶具——鲜丽夺目

漆器茶具始于清代，主要产于福建福州一带，漆器茶具较有名的有北京雕漆茶具、福州脱胎茶具等，均具有独特的艺术魅力。其中，福建生产的漆器茶具尤为多姿多彩，有"宝砂闪光""金丝玛瑙""仿古瓷""雕填"等品种，特别是创造了红如宝石的"赤金砂"和"暗花"等新工艺以后，更加鲜丽夺目，逗人喜爱。

漆器茶具具有轻巧美观，色泽光亮，能耐温、耐酸的特点，这种茶具更具有艺术品的功用。

六、金属茶具——雍容华贵

金属茶具是指由金、银、铜、铁、锡等金属材料制作而成的器具。从出土文物考证，茶具从金银器皿中分化出来约在中唐前后，陕西扶风县法门寺塔基地宫出土的大量金银茶具，有银金花茶碾、银金花茶罗子、银茶则、银金花鎏金龟形茶粉盒等可为佐证，唐代金银茶具为帝王富贵之家使用。

鎏金镂空飞鸿球路纹银笼子（炙烤饼茶用）　　　　　　鎏金飞仙鹤纹银茶罗子（筛茶粉用）

但从宋代开始，古人对金属茶具褒贬不一。元代以后，特别是从明代开始，随着茶类的创新，饮茶方法的改变，以及陶瓷茶具的兴起，才使包括银质器具在内的金属茶具逐渐消失，尤其是用锡、铁、铅等金属制作的茶具，用它们来煮水泡茶，被认为会使"茶味走样"，以致很少有人使用。但用金属制成的贮茶器具，如锡瓶、锡罐等，却屡见不鲜。这是因为金属贮茶器具的密闭性要比纸、竹、木、瓷、陶等好，具有较好的防潮、避光性能，这样更有利于散茶的保藏。

第二节　茶器的选配

俗话说：水为茶之母，器为茶之父。要获取一杯上好的香茗，需要做到茶、水、火、器四者相配，缺一不可。这是因为饮茶器具不仅是饮茶时不可缺少的一种盛器，具有实用性，而且饮茶器具还有助于提高茶叶的色、香、味，同时，一件高雅精美的茶具，本身还具有欣赏价值，富含艺术性。选配茶具除了看它的使用性能，茶具的艺术性如何，成了人们选择时的另一个重要标准。茶具的优劣，对茶汤的质量和品饮者的心情都会产生显著的影响。

一、选配茶具要因地制宜

我国地域辽阔，各地饮茶习惯、茶类及自然气候条件不同，故对茶具的要求也不一样。如东北、华北一带，多数都用较大的瓷壶泡茶；江苏、浙江一带除用紫砂壶外，一般习惯用有盖的瓷杯直接泡饮；四川一带则喜用瓷制的盖碗杯；福建及广东潮  州、汕头一带，习惯于用小杯啜乌龙茶，故选用"烹茶四宝"——潮汕风炉、玉书碨、孟臣罐、若琛瓯泡茶，以鉴赏茶的韵味；我国一些少数民族，至今多习惯于用碗喝茶，古风犹存。

二、选配茶具要因人制宜

在古代，不同的人用不同的茶具，这在很大程度上反映了人们的不同地位与身份。如历代的文人墨客，都特别强调茶具的"雅"。宋代文豪苏东坡在江苏宜兴讲学时，自己设计了一种提梁式的紫砂壶，"松风竹炉，提壶相呼"，独自烹茶品赏。

另外，职业有别，年龄不一，性别不同，对茶具的要求也不一样。如老年人讲求茶的韵味，要求茶叶香高、味浓，重在物质享受，因此，多用茶壶泡茶；年轻人以茶会友，要求茶叶香清味醇，重于精神品赏，因此，多用茶杯沏茶。

三、选配茶具要因茶制宜

自古以来，比较讲究品茶艺术的茶人，注重品茶韵味，崇尚意境高雅，强调"壶添品茗情趣，茶增壶艺价值"，认为好茶好壶，犹似红花绿叶，相映生辉。

一般来说，饮用花茶，为有利于香气的保持，可用壶泡茶，然后斟入瓷杯饮用。饮用大宗红茶和绿茶，注重茶的韵味，可选用有盖的壶、杯或碗泡茶；饮用乌龙茶则重在"啜"，宜用紫砂茶具泡茶；饮用红碎茶与工夫红茶，可用瓷壶或紫砂壶来泡茶，然后将茶汤倒入白瓷杯中饮用。如果品饮西湖龙井、洞庭碧螺春、君山银针、黄山毛峰等细嫩名优绿茶，除选用玻璃杯冲泡外，也可选用白色瓷杯冲泡饮用。

四、选配茶具要因具制宜

选用茶具，一般要考虑以下三个方面：一是要有实用性；二是要有欣赏价值；三是有利于茶性的发挥。

现在通用的茶具有瓷器、陶器（主要是紫砂器）、玻璃、塑料。在冲泡红茶和乌龙时最好选用陶器，因为从品茶的角度来看，以瓷器和陶器最好，其保温性好，沏茶能获得较好的色香味，且造型美观，具有艺术欣赏价值。白瓷茶具具有"白如玉、明如镜、薄如纸、声如磬"之誉，特别适

合冲泡原料粗大的乌龙茶、普洱茶。但冲泡绿茶特别是碧螺春和银针时则最好用玻璃茶具，玻璃茶具可见杯中轻雾缥缈、澄清碧绿及朵朵茶芽之美态。花茶一般用盖碗，一是有利于保香，二是有利于撒茶。至于搪瓷、塑料茶具，虽有轻便、耐用之优点，但一般为了解渴而临时使用。

第三节　茶器与泡茶

一、壶质与泡茶的关系

壶质主要是指密度而言。密度高的壶泡起茶来，香味比较清扬；密度低的壶泡起茶来，香味比较低沉。不同风格的茶要选用不同密度的壶，使之相互搭配。如果茶的风格是属于比较清扬的，如绿茶、清茶、香片、白毫乌龙、红茶，就用密度较高的壶来泡，如瓷壶。如果茶的风格是属于比较低沉的，

如铁观音、水仙、佛手、普洱（后发酵茶类），就用密度较低的壶来泡，如陶壶。密度与陶瓷茶具的烧结程度有关，人们经常以敲击的声音与吸水性来表达，敲击的声音清脆，吸水性低，就表示烧结程度高，否则烧结程度就低。这与壶具的保温程度又息息相关，许多消费者习惯性希望茶壶保温效果要好，这种认识是片面的。若需要保温，茶壶就要做得厚厚的，质地烧得松松的，结果很不美观。再说，泡茶是在适当的浓度就要把茶汤倒出来，哪会在壶内保温？讲究的泡茶法甚至于还使用定时器，浸泡的时间以秒计。

二、施釉与泡茶的关系

上釉就像在陶瓷器上穿了一件衣服，上釉的陶瓷让人欣赏釉色之美，不上釉的陶瓷让人欣赏泥土本身的美。壶内不上釉的，"得""失"间就要从两方面来说：一方面使用同一把壶在同一类茶上，用久了，"茶""壶"间会有相互作用，使用过的茶壶比新壶泡出来的茶汤，味道要饱和些，但壶的吸水性不能太大，否则吸了满肚子的茶汤，用后陈放，容易有霉味；另一方面，如果使用内侧不上釉的茶壶冲泡不同风味的茶，则会有相互干扰的缺点，尤其是使用久了的老壶或者吸水性大的壶。

如果只能有一把壶，而要冲泡各种茶类，最好使用内侧上釉的壶，每次使用后彻底洗干净，可以避免留下味道干扰下一种茶。

三、质地、色调与泡茶的关系

陶瓷茶器的质地分为瓷、炻、陶三大类，瓷质茶器的感觉是细致的，与不发酵的绿茶、重发酵的白毫乌龙、全发酵红茶的感觉较为一致。炻质茶器的感觉较为坚实阳刚，与不发酵的黄茶、微发酵的白茶、半发酵的铁观音、水仙的感觉较为一致。陶质茶器的感觉较为粗犷低沉，与重焙火的半发酵茶、陈年普洱茶的感觉较为一致。

茶器的颜色包括材料本身的颜色与装饰其上的釉色或颜料。白瓷土显得亮洁精致，用以搭配绿茶、白毫乌龙与红茶较为适合，为保持其洁白，常上层透明釉。黄泥制成的茶器显得甘怡，可配以黄茶或白茶。朱泥或灰褐系列的炻器土制成的茶器显得高香、厚实，可配以铁观音等轻、中焙火的茶类。

紫砂或较深沉陶土制成的茶器显得朴实、自然，配以稍重焙火的铁观音、水仙相当搭调。若在茶器外表施以釉药，釉色的变化又左右了茶器的感觉，淡绿色系列的青瓷，用以冲泡绿茶，感觉上颇为协调。有种乳白色的釉彩如凝脂，很适合冲泡白茶与黄茶。青花、彩绘的茶器可以表现白毫乌龙、红茶或熏茶、调味的茶类。铁红、紫金、钧窑之类的釉色则用以搭配铁观音、水仙之类的茶叶。茶叶末、天目与咸菜色系的釉色，可用来表现黑茶。

四、壶形与泡茶的关系

茶具的外形应与茶叶相搭配，如用一把紫砂松干壶泡龙井，就没有青瓷番瓜来得协调，然而紫砂松干壶泡铁观音就显得非常够味。但就泡茶的功能而言，壶形仅显现在散热、方便与观赏三方面。壶口宽敞的、盖碗形制的，散热效果较佳，所以用以冲泡需要 70～80℃水温的茶叶最为适宜。因此盖碗经常用以冲泡绿茶、香片与白毫乌龙。壶口宽大的壶与盖碗在置茶、去渣方面也显得异常方便，很多人习惯将盖碗作为冲泡器。盖碗或者壶口大到几乎像盖碗形制的壶，冲泡茶叶后，打开盖子可以很容易观赏到茶叶舒展的情形与茶汤的色泽、浓度，对茶叶的欣赏、茶汤的控制颇有助益。尤其是龙井、碧螺春、白毫银针、白毫乌龙等注重外形的茶叶，这种形制的冲泡器，若再配以适当的色调，是很好的表现方法。

第四节　　泡茶用水

水为茶之母，无水则不可泡茶。水质的好坏也直接影响茶汤的质量，所以中国人自古就非常讲究泡茶用水。明代许次纾在《茶疏》中说："精茗蕴香，借水而发，无水不可与论茶也。"明代张大复在《梅花草堂笔谈》中说得更为透彻："茶性必发于水，八分之茶，遇十分之水，茶亦十分矣；八分之水，试十分之茶，茶只有八分耳。"佳茗必须有好水相匹配，方能相得益彰；反之，有了好茶，若水不好，佳茗也不佳也。这是古人对茶与水关系的精辟阐述，可见水质对茶的

重要性。水质不好，就不能正确反映茶叶的色、香、味，尤其对茶汤滋味影响更大。杭州"龙井茶，虎跑水"，俗称杭州双绝；"蒙顶山上茶，扬子江中水"，闻名遐迩；"浉河中心水，车云山上茶"，中原闻名。这些都是名泉伴名茶之佐证，美上加美，相互辉映。

郑板桥写有一副茶联："从来名士能评水，自古高僧爱斗茶。"这副茶联极生动地说明了"评水"是茶艺的一项基本功，所以茶人们常说"水是茶之母"或"水是茶之体"。

一、水的分类

按其来源，水可分为泉水（山水）、溪水、江水（河水）、湖水、井水、雨水、雪水、露水、自来水、纯净水、矿泉水、蒸馏水等。按其硬度（1升水中含有碳酸钙1毫克，称硬度为1度），水可分为硬水和软水。根据现代的科学分析，水中通常都含有处于电离状态下的钙和镁的碳酸盐、硫酸盐和氯化物，每升水中钙、镁离子含量少于8毫克的称为软水，超过8毫克的称为硬水。

二、泡茶用水的选择

（一）古代人对泡茶用水的看法

最早提出水标准的是宋徽宗赵佶，他在《大观茶论》中写道："水以清、轻、甘、冽为美。轻甘乃水之自然，独为难得。"后人在他提出的"清、轻、甘、冽"的基础上又增加了个"活"字。

古人大多选用天然的活水，最好是泉水、山溪水；无污染的雨水、雪水其次；接着是清洁的江、河、湖、深井中的活水及净化的自来水，切不可使用池塘死水。唐代陆羽在《茶经》中指出："其水，用山水上，江水中，井水下。其山水，拣乳泉石池漫流者上，其瀑涌湍漱勿食之。"是说用不同的水，冲泡茶叶的结果是不一样的，只有佳茗配美泉，才能体现出茶的真味。

（二）现代茶人对泡茶用水的看法

现代人认为"清、轻、甘、冽、活"五项指标俱全的水，才称得上宜茶美水。

其一，水质要清。水清则无杂、无色、透明、无沉淀物，最能显出茶的本色。

其二，水体要轻，北京玉泉山的玉泉水比重最轻，故被御封为"天下第一泉"。现代科学也证明了这一理论是正确的。水的比重越大，说明溶解的矿物质越多。有实验结果表明：当水中的低价铁超过 0.1ppm 时，茶汤发暗，滋味变淡；铝含量超过 0.2ppm 时，茶汤便有明显的苦涩味；钙离子达到 2ppm 时，茶汤带涩，而达到 4ppm 时，茶汤变苦；铅离子达到 1ppm 时，茶汤味涩而苦，且有毒性。所以水以轻为美。

其三，水味要甘。"凡水泉不甘，能损茶味。"所谓水甘，即一入口，舌尖顷刻便会有甜滋滋的美妙感觉。咽下去后，喉中也有甜爽的回味，用这样的水泡茶自然会增茶之美味。

其四，水温要冽。冽即冷寒之意，明代茶人认为："泉不难于清，而难于寒"，"冽则茶味独全"。因为寒冽之水多出于地层深处的泉脉之中，所受污染少，泡出的茶汤滋味纯正。

其五，水源要活。"流水不腐"，现代科学证明了在流动的活水中细菌不易繁殖，同时活水有自然净化作用，在活水中氧气和二氧化碳等气体的含量较高，泡出的茶汤特别鲜爽可口。

（三）宜茶用水

水可分为天水、地水、再加工水三大类。再加工水即城市销售的太空水、纯净水、蒸馏水等。

1. 自来水。自来水是最常见的生活饮用水，其水源一般来自江、河、湖泊，是属于加工处理后的天然水，为暂时硬水。因其含有用来消毒的氯气等，在水管中滞留较久的，还含有较多的铁质。当水中的铁离子含量超过万分之五时，会使茶汤呈褐色，而氯化物与茶中的多酚类作用，又会使茶汤表面形成一层"锈油"，喝起来有苦涩味。所以用自来水沏茶，最好用无污染的容器，先贮存一天，待氯气散发后再煮沸沏茶，或者采用净水器将水净化，这样就可成为较好的沏茶用水。

2．纯净水。纯净水是蒸馏水、太空水的合称，是一种安全无害的软水。纯净水是以符合生活饮用水卫生标准的水为水源，采用蒸馏法、电解法、逆渗透法及其他适当的加工方法制得，纯度很高，不含任何添加物，可直接饮用的水。用纯净水泡茶，不仅因为净度好、透明度高，沏出的茶汤晶莹透澈，而且香气滋味纯正，无异杂味，鲜醇爽口。市面上纯净水品牌很多，大多数都宜泡茶。

3．矿泉水。我国对饮用天然矿泉水的定义是：从地下深处自然涌出的或经人工开发的、未受污染的地下矿泉水，含有一定量的矿物盐、微量元素或二氧化碳气体，在通常情况下，其化学成分、流量、水温等动态指标在天然波动范围内相对稳定。矿泉水与纯净水相比，矿泉水含有丰富的锂、锶、锌、溴、碘、硒和偏硅酸等多种微量元素，饮用矿泉水有助于人体对这些微量元素的摄入，并调节肌体的酸碱平衡。但饮用矿泉水应因人而异。由于矿泉水的产地不同，其所含微量元素和矿物质成分也不同，不少矿泉水含有较多的钙、镁、钠等金属离子，是永久性硬水，虽然水中含有丰富的营养物质，但用于泡茶效果并不佳。

4．活性水。活性水包括磁化水、矿化水、高氧水、离子水、自然回归水、生态水等。这些水均以自来水为水源，一般经过滤、精制和杀菌、消毒处理制成，具有特定的活性功能，并且有相应的渗透性、扩散性、溶解性、代谢性、排毒性、富氧化和营养性功效。由于各种活性水内含微量元素和矿物质成分各异，如果水质较硬，泡出的茶水品质较差，如果属于暂时硬水，泡出的茶水品质较好。

5．净化水。净化水通过净化器对自来水进行二次终端过滤处理制得。净化原理和处理工艺一般包括粗滤、活性炭吸附和薄膜过滤等三级系统，能有效地清除自来水管网中的红虫、铁锈、悬浮物等杂质，降低浊度，达到国家饮用水卫生标准。但是，净水器中的粗滤装置要经常清洗，活性炭也要经常换新，时间一久，净水器内胆易堆积污物，繁殖细菌，形成二次污染。净化水易取得，是经济实惠的优质饮用水，用净化水泡茶，其茶汤品质是相当不错的。

6．天然水。天然水包括江、河、湖、泉、井及雨水。用这些天然水泡茶应注意水源、环境、气候等因素，判断其洁净程度。对取自天然的水经过滤、臭氧化或其他消毒过程的简单净化处理，既保持了天然又达到了洁净，也属天然水之列。在天然水中，泉水是泡茶最理想

的水，泉水杂质少、透明度高、污染少，虽属暂时硬水，但加热后，呈酸性碳酸盐状态的矿物质被分解，释放出碳酸气，口感特别微妙，泉水煮茶，甘冽清芬具备。然而，由于各种泉水的含盐量及硬度有较大的差异，也并不是所有泉水都是优质的，有些泉水含有硫磺，不能饮用。

江、河、湖水属地表水，含杂质较多，混浊度较高，一般说来，沏茶难以取得较好的效果；但在远离人烟，又是植被生长繁茂之地，污染物较少，这样的江、河、湖水，仍不失为沏茶好水，如浙江桐庐的富春江水、淳安的千岛湖水、绍兴的鉴湖水就是例证。唐代陆羽在《茶经》中说："其江水，取去人远者。"说的就是这个意思。唐代白居易在诗中说"蜀水寄到但惊新，渭水煎来始觉珍"，认为渭水煎茶很好。唐代李群玉曰"吴瓯湘水绿花"，说湘水煎茶也不差。明代许次纾在《茶疏》中更进一步说："黄河之水，来自天上。浊者土色，澄之即净，香味自发。"言即使浑浊的黄河水，只要经澄清处理，同样也能使茶汤香高味醇。这种情况，古代如此，现代也同样如此。

雪水和天落水，古人称为"天泉"，尤其是雪水，更为古人所推崇。唐代白居易的"扫雪煎香茗"，宋代辛弃疾的"细写茶经煮茶雪"，元代谢宗可的"夜扫寒英煮绿尘"，清代曹雪芹的"扫将新雪及时烹"，都是赞美用雪水沏茶的。

至于雨水，一般来说，因时而异：秋雨，天高气爽，空中灰尘少，水味"清冽"，是雨水中上品；梅雨，天气沉闷，阴雨绵绵，水味"甘滑"，较为逊

色；夏雨，雷雨阵阵，飞沙走石，水味"走样"，水质不净。但无论是雪水或雨水，只要空气不被污染，与江、河、湖水相比，总是相对洁净，是沏茶的好水。

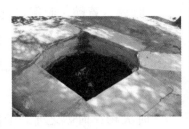

井水属地下水，悬浮物含量少，透明度较高。但它又多为浅层地下水，特别是城市井水，易受周围环境污染，用来沏茶，有损茶味。所以，若能汲得活水井的水沏茶，同样也能泡得一杯好茶。唐代陆羽在《茶经》中说的"井取汲多者"，明代陆树声在《煎茶七类》中讲的"井取多汲者，汲多则水活"，说的就是这个意思。明代焦竑的《玉堂丛语》，清代窦光鼐、朱筠的《日下归闻考》中都提到的京城文华殿东大庖井，水质清明，滋味甘冽，曾是明清两代皇宫的饮用水源。福建南安观音井，曾是宋代的斗茶用水，如今犹在。

现代工业的发展导致环境污染，已很少有洁净的天然水了，因此泡茶只能从实际出发，选用适当的水。

【茶博士】

漫话历代制壶名家

从明至今 500 年来，各朝各代不乏名家辈出，或创制革新，或继承传统，都在无声地书写着紫砂的传奇，书写着中华民族的伟大和文明。紫砂的历史就是一部中华民族的兴衰史。

一、明代

供春：紫砂壶鼻祖，明代正德年间宜兴人，开创了紫砂壶行业先河。"彼新奇兮万变，师造化兮元功。信陶壶之鼻祖，亦天下之良工"。这是清代学者对陶壶鼻祖供春的赞句。

现存传世的供春壶，见于著录而且很著名的有两件：一件是"树瘿壶"，传说曾为吴大澂收藏，后为储南强所得，把下刻"供春"两字，裴石民配制壶盖，黄宾虹为之定名，现存中国历史博物馆；另一件是"六瓣圆囊壶"，原由罗桂祥先生收藏，后藏香港茶具文物馆，壶底有"大明正德八年供春"两行楷书铭款。

时鹏、董翰、赵梁、元畅：嘉靖、万历时期的著名陶工，号称"四大家"。清乾隆年间吴骞所著《阳羡名陶录》说：董翰始创菱花式壶，赵梁多制作提梁式壶。他们的作品都有传世，当然不多，收藏家和鉴赏家很注意鉴别考证。

时大彬：时鹏之子，宜兴紫砂艺术的一代宗匠，一生所制作品数以千计，流传其广。有诗为证："宫中艳说大彬壶，海外竞求鸣远碟。"其所用陶土杂有炮砂，制壶不务妍媚，朴雅坚致。最初仿供春做大壶，后识文学家、书画家陈继儒等

人，接受品茶、试茶理论的启发，一反旧制，专做小壶。这是紫砂壶艺史上一件重要的事情。

时大彬及弟子李仲芳、徐友泉，有"壶家妙手称三大"之赞誉。时大彬所制茗壶，千态万状，信手拈出，巧夺天工，世称"时壶""大彬壶"，为后代之楷模。

惠孟臣：时大彬后的一代高手。明崇祯到清康熙年间人，所制大壶浑朴，小壶精巧，后世仿制者甚多，落款以竹刀划款，盖内有"永林"篆书，小印者为最精，有高身、梨形、鼓腹等壶式传世。

二、清代

陈鸣远：清康熙年间宜兴紫砂名艺人，是几百年来壶艺和精品成就很高的名手。陈明远出生于紫砂世家，所制茶具、雅玩达数十种，无不精美绝伦。他还开创了壶体镌刻诗铭之风，署款以刻铭和印章并用。

他制作的壶款式健雅，有盛唐风格，作品名传中外，当时有"海外竞求鸣远碟"之说。

陈曼生：钱塘（今浙江杭州）人，作溧阳县宰时，公务之余辨别砂质，创制砂壶新样，相传设计壶样十八式，由紫砂名工杨彭年和邵二泉等制壶。凡此，都署双款，除曼生款外，并有频迦等印款，世称"曼生壶"。紫砂茗壶与诗、书、画、印艺术相结合，经陈曼生倡导，逐渐开拓，形成一代风气，沿习迄今，影响深远。曼生壶书法、印章、词藻镌刻款式，均书卷气醇厚。曼生壶底部，常钤"阿曼陀室""桑连理馆"印记，壶把下钤"彭年"等小章。

邵大亨：江苏宜兴人，清嘉庆、道光年间宜兴壶艺一代巨匠。年少就有大名，秉性刚烈，情趣闲逸，艺技超群，作品浑厚、精到、大度。邵大亨壮年便死于乱世，传世作品无几，故"一壶千金，几不可得"。他一改清代宫廷化繁缛靡弱之态，重新强化了砂艺质朴典雅的大度气质，既讲究形式上的完整，功能上的适用，又表现出技巧的深到，成为陈鸣远之后的一代宗匠。

三、当代

顾景舟：宜兴人，出生于紫砂世家，18岁随祖母邵氏制坯。顾景舟抟砂做壶60余载，每器必精心构撰，出手皆成华章，从而形成了雄健而严谨、流畅而规矩、古朴而典雅、工精而秀丽的艺术风格，被誉为壶艺泰斗、一代宗师，在20世纪40年代就有"寸壶竟有斗米贵"的声誉。其代表作有提梁茶具、上新桥壶、雪华壶等。1988年4月，顾景舟被授予"中国工艺美术大师"称号。

顾景舟不仅仅壶艺精湛、学养深厚，且知古鉴今，编著并出版《宜兴紫砂珍赏》一书。顾景舟以其广博的学识，高超的技能，不仅在中国，而且在日本、韩国等国家都享有极高的声誉。他培育出一批又一批出色的紫砂技能人才，其中有中国工艺美术大师徐汉棠、李昌鸿、周桂珍，江苏省工艺美术大师沈蘧华和江苏省工艺美术名人张红华、潘持平等人，可谓桃李满紫砂界。

【故乡的茶】

泰山女儿茶

泰山女儿茶历史悠久，明代李日华在《紫桃轩杂缀》中即有记载，《红楼梦》第六十三回宝玉酒后即饮用此品，为历代文人墨客达官贵人所喜爱，特别是明清时代已成为上流社会的高尚饮品。

女儿茶的得名，还有一个传说。相传乾隆皇帝到泰山封禅，要品当地名茶。因泰安并无茶树，于是官吏们选来美丽的少女，到泰山深处采来青桐芽，以泰山泉水浸泡，用身体焙热，献给皇帝品尝，名曰女儿茶。泰山女儿茶产地在我国北方，位于泰山景区，海拔高，昼夜温差大，茶叶自然品质好。

泰安茶园位于山清水秀的泰山景区。此处山峦起伏，青山环抱，园内云雾缭绕，空气温润，土质肥沃，有机物质含量高，生态环境极其优越。茶区周围林木葱郁，空气清新，无污染，气温适宜，降水量适中。茶园基地选用国家级茶树良种，按有机茶园标准，整地、栽培、管理。经山东有关科研院校联合开发，运用当代最新科研成果，从种植、采摘、加工全过程都有专家把关指导，保证了所产"泰山女儿茶"的品质。

泰山女儿茶，产茶区纬度高、光照时间长、昼夜温差大，茶树休眠期长，采摘期短，所产茶叶叶片肥厚坚结，茶色清澈剔透、碧绿娇嫩，饮之回味醇美、沁人心脾、留香悠长、有浓厚的泰山板栗香气，素有"茶中板栗"之美称；

且营养成分含量高，富含钾、钠、锌、铁、锰等微量元素，常饮有清心提神、软化血管等功效。

泰山女儿茶属炒青绿茶，叶体肥厚，耐冲泡，汤色碧绿，且因加工管理精细严格，无任何有害农药残留，实为难得的绿色饮品。泰山女儿茶成品曲卷优美，冲泡时茶叶始终沉于杯底，叶色由黑变绿，舒展开来，仿佛一群美丽的少女翩翩起舞，给人以美的享受，引发无限诗情画意。

茶 杯

贾平凹

　　我戒酒后，嗜茶，多置茶具，先是用一大口粗碗，碗沿割嘴，又换成宜兴小壶，隔夜茶味不馊，且壶嘴小巧，噙吮有爱情感。用过三月，缺点是透壶不能瞧见颜色，揭盖儿也只看着是白水一般，使那些款爷们来家了，并不知道我现在饮的是龙井珍品！便再换一玻璃杯，法兰西的，样子简约大方，泡了碧螺春，看薄雾绿痕，叶子发展，活活如枝头再生。便写条幅挂在墙上：无事乱翻书，有茶请待客。人便传我家有好茶，一传二，二传三，三传无数，每日来家饮茶人多，我纵然有几个稿酬，哪里又能这么贡献？藏在冰箱中的上等茶日日减少了。还有甚者，我写作时，烟是一根一根抽，茶要一杯一杯饮的，烟可以不影响思绪在烟色中去摸，茶杯却得放下笔去加水，许多好句就因此被断了。于是想改换大点茶杯，去街上数家瓷店，杯子都是小，甚至越来越到沙果般小，店主说，现在富贵闲人多，饮茶讲究品的。我无富贵，更无有闲，写作时吸烟如吸氧，饮茶也如钻井要注水一样，是身体与精神都需要的事，品能品出文章来？

　　十月十五日，本单位的宋老兄说过要请吃的，割八斤羊肉，红焖一顿，但却迟迟没动静，去穆老弟处打问，却见他桌上有一杯，高有六寸，粗到双掌张开方能围拢，还有个盖儿，通体白色，着青色山水楼阁人物图，古也不古，形状极其厚朴，顿生掠夺之心。问是哪儿买的，不嗜茶的人却用这等杯子？穆老弟口吻严重，说是专制的，无处可买，又说：你想要了，可以给你，得写一幅字交易。我惜我书法，素不轻易送人，说：一个杯子一千元呀？却还是当下写就，清洗了杯子携回。从此饮茶用此杯，日晚不离案头。此杯之好，泡茶能观茶形水色，又不让谋我茶的人从外看见，仅我独享，抓盖顶疙瘩，椭圆洁腻，如温雪，如触人乳头。最合意的是它憨拙，搂在手中，或放在桌上，侧面看去，杯把儿作人耳，杯子就若人头，感觉里与可交之人相交。写作时不停地饮，视那里盛了万斛，也能饮得我满腹的文章。

我常想，世上能用此等大杯饮茶的，一是长途汽车的司机，二就是我了，都是靠苦力吃饭的人。但司机多用罐头瓶、咖啡瓶当壶，我却是青花白瓷杯，这便是写作人仅有的一点清高吧？李白有过一句：唯有饮者留其名，如果饮者不仅指饮酒，也该有饮茶，那我就属饮者之列了。今冬里，家有来客见我皆笑，说是个头小茶杯大，我笑而不答，但得大杯之趣了，是不与他人传授的。

【我与茶行】

1. 在家里或亲戚家选一把茶壶，就其壶质与壶形说一下该茶壶泡茶的特点，整理好相关资料上传至课程网站，并准备下一节课与同学们交流（可提前上传图片，在保证做好足够保护的前提下也可携带实物）。

2. 到图书馆、书店，或者在网上寻找一篇名壶或制壶名家的故事，准备在课上讲给全班同学听，请力求生动。

第六章　茶礼茗艺

　　品茶是一种境界，品味生活的点滴才是幸福的源泉。自古以来茶艺令人们品味着精彩的世界，感受着每天充实而有意义的生活，这是一种境界，更是一种领悟。茶艺最根本的两个基础是"茶"和"艺"，物质与精神两个方面是茶艺的根本。

【茶闻趣事】

叩手礼的来历

　　乾隆皇帝微服私访下江南，来到淞江，带了两个太监，到一间茶馆里喝茶。茶馆老板拎了一只长嘴茶吊来冲茶，端起茶杯，茶壶沓啦啦、沓啦啦、沓啦啦一连三洒，茶杯里正好浅浅一杯，

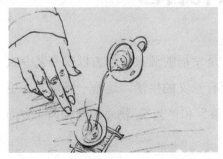

茶杯外没有滴水溅出。乾隆皇帝不明其意，忙问："掌柜的，你倒茶为何不多不少洒三下？"老板笑着回答："客官，这是我们茶馆的行规，这叫'凤凰三点头'。"乾隆皇帝一听，夺过老板的茶吊，端起一只茶杯，也要来学学这"凤凰三点头"。

这只杯子是太监的，皇帝为太监倒茶，这不是反礼了？在皇宫里太监要跪下来三呼万岁、万岁、万万岁，可是在这三教九流罗杂的茶馆酒肆，暴露了身份，这是性命攸关的事啊！当太监的当然不是笨人，灵机一动，弯起食指、中指和无名指，在桌面上轻叩三下，权代行了三跪九叩的大礼。这样"以手代叩"的动作一直流传至今，表示对他人敬茶的谢意。

第一节　茶艺礼仪

　　茶艺礼仪是为表示礼貌与尊敬所采取的与茶艺内涵相协调的行为、语言的规范。茶艺活动中的礼节、礼貌、礼仪根据不同的茶艺类型有不同的表达。茶艺中的礼节指鞠躬、伸掌、奉茶、鼓掌等。礼貌是茶艺活动中容貌、服饰、表情、语言、举止等谦逊、恭敬的外在表现，贯穿于人的言、听、视、动的整个过程之中。茶艺中的礼仪要求茶艺活动的参与者讲究仪容仪态，注重整体仪表的美。其中仪容包括了服装、容貌、修饰和整洁程度等应该具有的一定

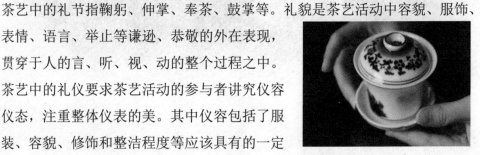

要求；仪态包括姿态和风度，是人的所有行为举止的反映。

一、礼节

礼节是指人们在交际过程和日常生活中，相互表示尊重、友好、祝愿、慰问以及给予必要的协助与照料的惯用形式，它实际上是礼貌的具体表现方式。礼节主要包括待人的方式、招呼和致意的形式、公共场所的举止和风度等。

在茶艺活动中，注重礼节，互致礼貌，表示友好与尊重，不仅能体现个人良好的修养，同时还能带给别人愉悦的心理感受。茶艺中的常用礼节主要有伸掌礼、叩指礼、寓意礼、握手礼、礼貌敬语等。

（一）伸掌礼

这是茶艺表演中用得最多的示意礼。当主泡与助泡之间协同配合时，主人向客人敬奉各种物品时都常用此礼，表示的意思为："请""谢谢"。当两人相对时，可伸右手掌对答表示，若侧对时，右侧方伸右掌，左侧方伸左掌对答表示。

伸掌礼动作要领：五指并拢，手心向上，伸手时要求手略斜并向内凹，手心中要有含着一个小气团的感觉，手腕要含蓄有力，同时欠身并点头微笑，动作要一气呵成。

（二）叩手礼

此礼是从古时中国的叩头礼演化而来的，古时叩头又称叩首，以"手"代"首"，这样，"叩首"为"叩手"所代。早先的叩手礼是比较讲究的，必须屈腕握空拳，叩指关节。随着时间的推移，逐渐演化为将手弯曲，用几个指头轻叩桌面，以示谢忱。

叩手（指）礼动作要领：

1. 长辈或上级给晚辈或下级斟茶时，晚辈或下级必须用双手指做跪拜状叩击桌面两三下；

2. 晚辈或下级为长辈或上级斟茶时，长辈或上级只需用单指叩击桌面两三下表示谢谢；

3. 同辈之间敬茶或斟茶时，单指叩击表示我谢谢你，双指叩击表示我和我先生（太太）谢谢你，三指叩击表示我们全家人都谢谢你。

（三）寓意礼

在长期的茶事活动中，形成了一些寓意美好祝福的礼节动作。在冲泡时不必使用语言，宾主双方就可进行沟通。

常见寓意礼的动作要领：

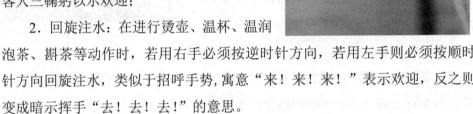

1. 凤凰三点头：用手高提水壶，让水直泻而下，接着利用手腕的力量，上下提拉注水，反复三次，让茶叶在水中翻动，寓意是向客人三鞠躬以示欢迎；

2. 回旋注水：在进行烫壶、温杯、温润泡茶、斟茶等动作时，若用右手必须按逆时针方向，若用左手则必须按顺时针方向回旋注水，类似于招呼手势，寓意"来！来！来！"表示欢迎，反之则变成暗示挥手"去！去！去！"的意思。

（四）握手礼

握手强调"五到"，即身到、笑到、手到、眼到、问候到。握手时，伸手的先后顺序：贵宾先、长者先、主人先、女士先。

握手礼的动作要领：握手时，距握手对象约1米处，上身微向前倾斜，面带微笑，伸出右手，四指并拢，拇指张开与对象相握，眼睛要平视对方的眼睛，同时寒暄问候。握手时间一般以3～5秒为宜，握手力度适中，上下稍许晃动三四次，随后松开手来，恢复原状。

握手的禁忌：

1. 拒绝他人的握手；

2. 用力过猛；

3. 交叉握手；

4. 戴手套握手；

5. 握手时东张西望。

（五）鞠躬礼

鞠躬礼有站式鞠躬、坐式鞠躬和跪式鞠躬三种，且根据鞠躬的弯腰程度可分为真礼、行礼、草礼三种。"真礼"用于主客之间，"行礼"用于客人之间，"草礼"用于说话前后。

1. 站式鞠躬。"真礼"以站姿为预备，然后将相搭的两手渐渐分开，贴着两大腿下滑，手指尖触至膝盖上沿为止，同时上半身由腰部起倾斜，头、背与腿呈近90°的弓形（切忌只低头不弯腰，或只弯腰不低头），略作停顿，表示对对方真诚的敬意，然后，慢慢直起上身，表示对对方连绵不断的敬意，同时手沿脚上提，恢复原来的站姿。鞠躬要与呼吸相配合，弯腰下倾时作吐气，身直起时作吸气，使人体背中线的督脉和脑中线的任脉进行小周天的循环。行礼时的速度要尽量与别人保持一致，以免尴尬。"行礼"要领与"真礼"相同，仅双手至大腿中部即行，头、背与腿约呈120°的弓形。"草礼"只需将身体向前稍作倾斜，两手搭在大腿根部即可，头、背与腿约呈150°的弓形，余同真礼。

2. 坐式鞠躬。若主人是站立式，而客人是坐在椅（凳）上的，则客人用坐式答礼。"真礼"以坐姿为准备，行礼时，将两手沿大腿前移至膝盖，腰部顺势前倾，低头，但头、颈与背部呈平弧形，稍作停顿，慢慢将上身直起，恢复坐姿。"行礼"

则将两手沿大腿移至中部，余同"真礼"。"草礼"只将两手搭在大腿根，略欠身即可。

3. 跪式鞠躬。"真礼"以跪坐姿为预备，背、颈部保持平直，上半身向前倾斜，同时双手从膝上渐渐滑下，全手掌着地，两手指尖斜相对，身体倾至胸部与膝间只剩一个拳头的空档（切忌只低头不弯腰或只弯腰不低头），身体呈 45° 前倾，稍作停顿，

慢慢直起上身。同样行礼时动作要与呼吸相配，弯腰时吐气，直身时吸气，速度与他人保持一致。"行礼"方法与"真礼"相似，但两手仅前半掌着地（第二手指关节以上着地即可），身体约呈 55° 前倾；行"草礼"时仅两手手指着地，身体约呈 65° 前倾。

二、姿态

姿态是身体呈现的样子。从中国传统的审美角度来看，人们推崇姿态的美高于容貌之美。古典诗词文献中形容一位绝代佳人，用"一顾倾人城，再顾倾人国"的句子，顾即顾盼，是秋波一转的样子。或者说某一女子有林下之风，就是指她的风姿迷人，不带一丝烟火气。茶艺中的姿态也比容貌重要，需要从坐、立、跪、行等几种基本姿势练起。

（一）坐姿

茶艺中正确的坐姿给人以端庄、优美的印象。对坐姿的基本要求是端庄稳重、娴雅自如，注意四肢协调配合。坐在椅子或凳子上，必须端坐中央，占据三分之二的面积，不可全部坐满。双腿膝盖至脚踝并拢，上身

挺直，双肩放松；头上顶，下颌微敛，舌抵下颚，鼻尖对肚脐；女性双手搭放在双腿中间，左手放右手上，男性双手可分搭于左右两腿侧上方。全身放松、思想安定、集中，姿态自然、美观，切忌两腿分开或跷二郎腿还不停抖动、双手搓或交叉放于胸前、弯腰弓背、低头等。如果是作为客人，也应采取上述坐姿。若坐在沙发上，由于沙发离地较低，端坐使人不适，则女性可正坐，两腿并拢偏向一侧斜伸（坐一段时间累了可换另一侧），双手仍搭在两腿中间；男性可将双手搭在扶手上，两腿可架成二郎腿但不能抖动，且双脚下垂，不能将

一腿横搁在另一腿上。

（二）跪姿

在进行茶道表演的国际交流时，日本和韩国习惯采取席地而坐的方式，另外如举行无我茶会时也用此种座席。

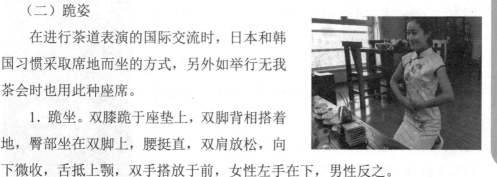

1. 跪坐。双膝跪于座垫上，双脚背相搭着地，臀部坐在双脚上，腰挺直，双肩放松，向下微收，舌抵上颚，双手搭放于前，女性左手在下，男性反之。

2. 盘腿坐。男性除正坐外，可以盘腿坐，将双腿向内屈伸相盘，双手分搭于两膝，其他姿势同跪坐。

3. 单腿跪蹲。右膝与着地的脚呈直角相屈，右膝盖着地，脚尖点地，其余姿势同跪坐。客人坐的桌椅较矮或跪坐、盘腿坐时，主人奉茶则用此姿势；也可视桌椅的高度，采用单腿半蹲式，即左脚向前跨一步，膝微屈，右膝屈于左脚小腿肚上。

（三）站姿

在单人负责一种花色品种冲泡时，因要多次离席，让客人观看茶样、奉茶、奉点等，忽坐忽站不甚方便，或者桌子较高，下坐操作不便，均可采用站式表演。另外，无论用哪种姿态，出场后，都得先站立后再过渡到坐或跪等姿态，因此，站姿好比是舞台上的亮相，十分重要。站姿应该双脚并拢，身体挺直，头上顶，下颌微收，眼平视，双肩放松。女性双手虎口交叉（右手在左手上），置于胸前。男性双脚呈"外八"字微分开，身体挺直，头上顶，上颌微收，眼平视，双肩放松，双手交叉（左手在右手上），置于小腹部。

（四）行姿

女性为显得温文尔雅，可以将双手虎口相交叉，右手搭在左手上，提放于胸前,以站姿作为准备。行走时移动双腿,跨步脚印为一直线,上身不可扭动摇摆,保持平稳,双肩放松,头上顶,下颌微收,两眼平视。男性以站姿为准备,行走时双臂随腿的移动可以身体两侧自由摆动,余同女性姿势。转弯时,向右转则右脚先行,反之亦然。出脚不对时可原地多走一步,待调整好后再直角转弯。如果到达客人面前为侧身状态,需转身,正面与客人相对,跨前两步进行各种茶道动作,当要回身走时,应面对客人先退后两步,再侧身转弯,以示对客人尊敬。男士穿长衫时,要注意挺拔,保持后背平

整,尽量突出直线;女士穿旗袍时也要求身体挺拔,胸微挺,下颌微收,不要塌腰撅臀。走路的幅度不宜大,脚尖略外开,两手臂摆动幅度不宜太大,尽量体现柔和、含蓄、妩媚、典雅的风格;穿长裙时,行走要平稳,步幅可稍大些。转动时要注意头和身体的协调配合,尽量不使头快速转动,要注意保持整体造型美,显出飘逸潇洒风姿。

三、风度

风度是在人际交往过程中,一个人的心理素质和修养,通过神态、仪表、言谈、举止表现出来的综合特征,是内在素质、外部形象和精神风貌的高度统一。风度可以给人在视觉上、感觉上产生强烈印象,优雅的风度可以产生强大的形象魅力。人的性别、气质、性格、修养、生活实践、行为习惯不同,使得人的风度也不尽相同。

良好的风度是靠良好的道德修养、文化素质和综合能力支撑的。人之美有两种类型,一种是外在的形貌美,另一种是内在的心灵美。风度美是人的内在美与外在美的和谐统一的体现。虽然人的外在美和内在美具有相对独立的审美价值,但具有风度美的人,其外在美与内在美必须是共同存在的,既容貌端正,仪表堂堂、体态健美,又品德高尚、为人正直、积极向上。

在茶艺活动中，各种动作均要求有美好的举止。一位茶艺表演者的风度良莠，主要看其动作的协调性，即心、眼、手、身相随，协调一致，意气相合，泡茶才能进入"修身养性"的境地。同时，茶艺中的每一个动作都要圆活、柔和、连贯，而动作之间又要有起伏、虚实、节奏，使观者能深深体会其中的韵味。

四、仪容

仪容，通常是指人的外观、外貌，其中的重点，则是指人的容貌。茶艺礼仪要求仪容自然美、修饰美、内在美三者结合。在这三者之间，仪容的自然美是人们的心愿，仪容的内在美是最高境界，而仪容的修饰美则是仪容礼仪关注的重点。要做到仪容修饰美，自然要注意修饰。修饰仪容的基本规则是美观、整齐、卫生、得体，通常从面容、发型、手部、服饰等方面做起。

（一）面容

面容要求清新健康，平和放松，微笑，不化浓妆，不喷香水，牙齿洁白整齐。修饰面容，首先要做到面必洁，使之干净清爽、无汗渍、无油污、无其他任何不洁之物。若感到自己的眉形刻板或不雅观，可进行必要的修饰。保持牙齿洁白，口腔无异味。男士应及时剃去胡须。

（二）发型

由于茶艺具有厚重的传统文化因素，在茶艺表演中的发型大多应具有传统、民俗与自然的特点，如中国人多数是黑发、少卷、女长发、男短发，若染成黄发、金发，或烫卷发，或女士剪成短发，男士留长发则缺少传统意蕴。发型要求原则上要根据自己的脸型，适合自己的气质，给人舒适、整洁、大方的感觉。头发不论长短，都要按泡茶时的要求进行梳理，头发不要挡住视线，长发盘起，不染发。

（三）手部

在人们的日常生活、工作以及人际交往中，手往往充当"先行官"的角色，毫不吝啬地将人的一切展现于众。作为茶艺人员，首先要有一双修长、流畅、细腻、整洁的手，

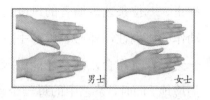

女士纤小结实，男士浑厚有力。平时注意适当的保养，要勤修指甲，指甲无污物，随时保持清洁光亮。此外，参加茶艺活动时，不戴首饰，手指干净，不宜涂抹指甲油。

（四）服饰

服装要求新颖、淡雅、合体，袖口不宜过宽，款式可选择富有中国特色的服装。泡茶时一般不佩戴饰物，少数民族可佩戴民族饰品，以不影响泡茶为准。服装要与环境、茶具、茶艺表演内容相匹配，体现出内在文化素养。

五、语言

语言要有规范，多用敬语、谦让语、郑重语。美学家朱光潜说："话说得好就会如实达意，使听者感到舒适，发生美的感受，这样的话就成了艺术。"

进行茶艺活动时，通常主客一见面，冲泡者就应落落大方又不失礼貌地自报家门。冲泡开始前，应简要介绍一下所冲泡茶叶的名称以及这种茶的文化背景、产地、品质特征、冲泡要点等；但介绍内容不宜过多，语句要精练，用词要正确，否则会冲淡气氛。在冲泡过程中，对每道程序，用一两句话加以说明，特别是对一些带有寓意的操作程序，更应及时指明，起到画龙点睛的作用。

第二节　茶艺技能

茶艺，是指如何泡好一壶茶的技术和如何享受一杯茶的艺术。日常生活中，虽然人人都喝茶，但要真正泡好茶，喝好茶却并非易事。泡好一壶茶和享受一杯茶也要涉及广泛的内容，如识茶、选茶、泡茶、品茶、茶叶经营、

茶文化、茶艺美学等。因此泡茶、喝茶是一项技艺、一门艺术。泡茶可以因时、因地、因人的不同而有不同的方法。泡茶时涉及茶、水、茶具、时间、环境等因素，把握这些因素之间的关系是泡好茶的关键。

一、泡茶要素

茶叶中的化学成分是组成茶叶色、香、味的物质基础，其中多数能在冲泡过程中溶解于水，从而形成了茶汤的色泽、香气和滋味。泡茶时，应根据不同茶类的特点，调整水的温度、浸润时间和茶叶的用量，从而使茶的香味、色泽、滋味得以充分发挥。综合起来，泡好一壶茶主要有四大要素：第一是茶水比例，第二是泡茶水温，第三是浸泡时间，第四是冲泡次数。

（一）茶水比例

1. 茶的品质。茶叶中各种物质在沸水中浸出的快慢与茶叶的老嫩和加工方法有关。氨基酸具有鲜爽的性质，因此茶叶中氨基酸含量多少直接影响着茶汤的鲜爽度。名优绿茶滋味之所以鲜爽、甘醇，主要是因为氨基酸的含量高和茶多酚的含量低。夏茶氨基酸的含量低而茶多酚的含量高，所以茶味苦涩，故有"春茶鲜、夏茶苦"的谚语。

2. 茶水比例。茶叶用量应根据不同的茶具、不同的茶叶等级而有所区别，一般而言，水多茶少，滋味淡薄；茶多水少，茶汤苦涩不爽。因此，细嫩的茶叶用量要多，较粗的茶叶，用量可少些，即所谓"细茶粗吃""精茶细吃"。

普通的红、绿茶类（包括花茶），可大致掌握在 1 克茶冲泡 50～60 毫升水。如果是 200 毫升的杯（壶），那么，放上 3 克左右的茶，冲水至七八成满，就成了一杯浓淡适宜的茶汤。若饮用云南普洱茶，则需放茶叶 5～8 克。

乌龙茶因习惯浓饮，注重品味和闻香，故要汤少味浓，用茶量以茶叶与茶壶比例来确定，投茶量大致是茶壶容积的 1/3 至 1/2，广东潮汕地区，投茶量达到茶壶容积的 1/2 至 2/3。

茶、水的用量还与饮茶者的年龄、性别有关，大致来说，中老年人比年轻人饮茶要浓，男性比女性饮茶要浓。如果饮茶者是老茶客或是体力劳动者，一般可以适量加大茶量；如果饮茶者是新茶客或是脑力劳动者，可以适量少放一些茶叶。

一般来说，茶不可泡得太浓，因为浓茶有损胃气，对脾胃虚寒者更甚，茶叶中含有鞣酸，太多的话，可收缩消化黏膜，妨碍胃吸收，引起便秘和牙黄，同时，太浓的茶汤和太淡的茶汤不易体会出茶香嫩的味道。古人谓饮茶"宁淡勿浓"是有一定道理的。

（二）冲泡水温

据测定，用 60℃的开水冲泡茶叶，与等量 100℃的水冲泡茶叶相比，在时间和用茶量相同的情况下，茶汤中的茶汁浸出物含量，前者只有后者的45%～65%。这就是说，冲泡茶的水温高，茶汁就容易浸出；冲泡茶的水温低，茶汁浸出速度慢。"冷水泡茶慢慢浓"，说的就是这个意思。

泡茶的茶水一般以落开的沸水为好，这时的水温约为 85℃。滚开的沸水会破坏维生素 C 等成分，而且咖啡碱、茶多酚很快浸出，茶味会变苦涩；水温过低则茶叶浮而不沉，内含的有效成分浸泡不出来，茶汤滋味寡淡，不香、不醇、淡而无味。

泡茶水温的高低，还与茶的老嫩、松紧、大小有关。大致来说，茶叶原料粗老、紧实、整叶的，比茶叶原料细嫩、松散、碎叶的，茶汁浸出要慢得多，所以，冲泡水温要高。

水温的高低，还与冲泡的品种花色有关。具体来说，高级细嫩名茶，特别是高档的名绿茶，开香时水温为95℃，冲泡时水温为 80～85℃。只有这样泡出来的茶汤色清澈不浑，香气纯正而不钝，滋味鲜爽而不熟，叶底明亮而不暗，使人饮之可口，视之动情。如果水温过高，汤色就会变黄；茶芽因"泡熟"而不能直立，失去欣赏性；维生素遭到大量破坏，降低营养价值；咖啡碱、茶多酚很快浸出，又使茶汤产生苦涩味，这就是茶人常说的把茶"烫熟"了。反之，如果水温过低，则渗透性较低，往往使茶叶浮在表面，茶中的有效成分难以浸出，结果，茶味淡薄，同样会降低饮茶的功效。大宗红、绿茶和花茶，由于茶叶原料老嫩适中，故可用 90℃左右的开水冲泡。

冲泡乌龙茶、普洱茶和沱茶等特种茶，由于原料并不细嫩，加之用茶量较大，所以，须用刚沸腾的 100℃水冲泡。特别是乌龙茶，为了保持和提高水温，要在冲泡前用滚开水烫热茶具，冲泡后用滚开水淋壶加温，目的是增加温度，使茶香充分发挥出来。

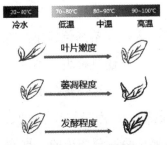

20~30℃	70~80℃	80~90℃	90~100℃
冷水	低温	中温	高温

叶片嫩度

萎凋程度

发酵程度

由左到右，使用低温到高温

原料嫩采以上不发酵的，经不起太高温度的浸泡，而且愈娇嫩愈要低温，相反的，原料愈成熟，或是全发酵、焙火重、经渥堆、经陈放，都要提高水温，才能将其特质透过茶汤表现出来。

低温	中温	高温
绿茶 黄茶	白茶	红茶 黑茶 乌龙茶
君山银针、毛尖。 珍眉、毛峰、云雾、 龙井、碧螺春、玉露、	贡眉、白牡丹 瓜片、白毫银针、	武夷岩茶、凤凰单枞 正山小种、金骏眉、普洱茶 冻顶乌龙、铁观音、红甘露、

水温的判断

自然冷却时间	水 温	降温温差
0分钟	98℃	
5分钟	90℃	8℃
10分钟	85℃	5℃
15分钟	81℃	4℃
20分钟	78℃	3℃
25分钟	75℃	3℃
30分钟	72℃	3℃

1L水；不锈钢水壶，22℃室温

判断水的温度可先用温度计和计时器测量，等掌握之后就可凭经验来断定了。当然所有的泡茶用水都得煮开，以自然降温的方式来达到控温的效果。

（三）冲泡时间

茶叶冲泡时间差异很大，与茶叶种类、泡茶水温、用茶数量和饮茶习惯等都有关。

如用茶杯泡饮普通的红、绿茶，每杯放干茶3克左右，用沸水150～200毫升，冲泡时宜加杯盖，避免茶香散失，时间以3～5分钟为宜。时间太短，茶汤色浅淡；茶泡久了，增加茶汤涩味，香味还易丧失。不过，新采制的绿茶可冲水不加杯盖，这样汤色更艳。用茶量多的，冲泡时间宜短，反之则宜长。质量好的茶，冲泡时间宜短，反之宜长些。

茶的滋味是随着时间延长而逐渐增浓的。据测定，用沸水泡茶，首先浸提出来的是咖啡碱、维生素、氨基酸等，大约到3分钟时，含量较高。这时饮起来，茶汤有鲜爽醇和之感，但缺少饮茶者需要的刺激味。以后，随着时间的延续，茶多酚浸出物含量逐渐增加。因此，为了获取一杯鲜爽甘醇的茶汤，对大宗红、绿茶而言，头泡茶以冲泡后3分钟左右饮用为好，若想再饮，到杯中剩有三分之一茶汤时，再续开水，以此类推。

对于注重香气的乌龙茶、花茶，泡茶时，为了不使茶香散失，不但需要加盖，而且冲泡时间不宜长，通常2～3分钟即可。由于泡乌龙茶时用茶量较大，因此，第一泡1分钟就可将茶汤倾入杯中，自第二泡开始，每次应比前一泡增加15秒左右，这样可使茶汤浓度不致相差太大。

白茶冲泡时，要求水的温度在70℃左右，一般在4～5分钟后，浮在水面的茶叶才开始徐徐下沉，这时，品茶者应以欣赏为主，观茶形，察沉浮，从不同的茶姿、颜色中使自己的身心得到愉悦，一般到10分钟，方可品饮茶汤。否则，不但失去了品茶艺术的享受，而且饮起来淡而无味，这是因为白茶加工未经揉捻，细胞未曾破碎，所以茶汁很难浸出，以至浸泡时间须相对延长，同时只能重泡一次。

另外，冲泡时间还与茶叶老嫩和茶的形态有关。一般来说，凡原料较细嫩，茶叶松散的，冲泡时间可相对缩短；相反，原料较粗老，茶叶紧实的，冲泡时间可相对延长。总之，冲泡时间的长短，最终还是以适合饮茶者的口味来确定为好。

（四）冲泡次数

据测定，茶叶中各种有效成分的浸出率是不一样的，最容易浸出的是氨基酸和维生素 C，其次是咖啡碱、茶多酚、可溶性糖等。一般茶冲泡第一次时，茶中的可溶性物质能浸出 50%～55%；冲泡第二次时，能浸出 30%左右；冲泡第三次时，能浸出约 10%；冲泡第四次时，只能浸出 2%～3%，几乎是白开水了。所以，通常以冲泡三次为宜。

如饮用颗粒细小、揉捻充分的红碎茶和绿碎茶，由于这类茶的内含成分很容易被沸水浸出，一般都是冲泡一次就将茶渣滤去，不再重泡。速溶茶，也是采用一次冲泡法，功夫红茶则可冲泡 2～3 次。而条形绿茶如眉茶、花茶通常只能冲泡 2～3 次。白茶和黄茶，一般也只能冲泡一次，最多两次。

品饮乌龙茶多用小型紫砂壶，在用茶量较多（约半壶）的情况下，可连续冲泡 4～6 次，甚至更多。

第三节　行茶程式

不同的茶叶种类，因其外形、质地、比重、品质及成分浸出率的异同，应有不同的投茶法。对身骨重实、条索紧结、芽叶细嫩、香味成分高，并对茶汤的香气和茶汤色泽均有要求的各类名茶，可采用"上投法"；茶叶的条形松展、比重轻、不易沉入茶汤中的茶叶，宜用"下投法"或"中投法"沏茶。对于不同的季节，则可以"秋季中投，夏季上投，冬季下投"的方法参考应用。

行茶的基本程式主要有：温杯、投茶、冲泡、斟茶、奉茶、品茗。

温杯　　　　　投茶　　　　　润茶　　　　　冲泡

一、温杯

温杯的目的一是消毒，二是温热器具以提高杯的温度，有利于更好地泡制茶叶。

用开水温盖碗，使盖碗均匀受热

不同的茶器温杯方法不同。以盖碗为例：

1. 先往盖碗里注入开水至七八分满；

2. 然后将盖碗里的水倒入公道杯；

3. 倒水时温烫盖碗盖，同时转动盖碗盖；

4. 再将公道杯的水倒入每一个小杯，用茶夹夹起茶杯，将茶杯内外都温烫一遍。

二、投茶

（一）上投法

此法先斟水，后投茶，适用于卷曲、重实、细嫩的茶叶。

（二）中投法

此法先斟 1/3 杯水，再投茶，然后再冲水，适用于较易下沉之茶。

（三）下投法

此法先投茶，后斟水，适用于扁平易浮之茶。

三、冲泡

冲泡时的动作要领是：头正身直、目不斜视；双肩齐平、抬臂沉肘。

一般用右手冲泡，左手半握拳自然搁放在桌上。

（一）单手回旋注水法

单手提水壶，用手腕逆时针或顺时针回旋，令水流沿茶壶口（茶杯口）内壁冲入茶壶（杯）内。

（二）双手回旋注水法

如果开水壶比较沉，可用此法冲泡。右手提壶，左手垫茶巾托在壶流底部；右手手腕逆时针回旋，令水流沿茶壶口（茶杯口）内壁冲入茶壶（杯）内。

（三）回旋高冲低斟法

乌龙茶冲泡时常用此法。先用单手回旋注水法，单手提开水壶注水，令水流先从茶壶壶肩开始，逆时针绕圈至壶口、壶心，提高水壶令水流在茶壶中心处持续注入，直至七分满时压腕低斟（仍同单手回旋注水法）；注满后提腕令开水壶壶流上扬断水。

（四）凤凰三点头注水法

水壶高冲低斟反复 3 次，寓意为向来宾鞠躬 3 次以示欢迎。高冲低斟是指右手提壶靠近壶口或杯口注水，再提腕使开水壶提升，此时水流如高山流水，接着仍压腕将开水壶靠近壶口或杯口继续注水。如此反复 3 次，恰好注入所需水量，即提腕断流收水。

四、斟茶

将泡好的茶汤一次全部斟入公道杯内，使茶汤在公道杯内充分混合，达到一致的浓度，接着便可以分茶入杯。斟茶时应注意不宜太满，"茶满欺客，酒满心实"这是中国谚语。俗话说"茶倒七分满，留下三分是情分"，这既表明了宾主之间的良好感情，又出于安全的考虑，七分满的茶杯非常好端，不易烫手。

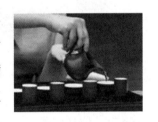

五、奉茶

双手端起茶托，收至自己胸前；从胸前将茶杯端至客人面前，轻轻放下，伸出右掌，手指自然合拢，行伸掌礼，示意"请喝茶"。奉茶时要注意先后顺序，先长后幼、先客后主。在奉有柄茶杯时，一定要注意茶杯柄的方向是客人的顺手面，即有利于客人右手拿茶杯的柄。杯子若有方向性，

如杯面画有图案，使用时不论放在操作台上还是摆在奉茶盘上，都让正面朝向客人。

六、品茗

（一）盖碗品茗法

右手端住茶托右侧，左手托住底部端起茶碗；右手用拇指、食指、中指捏住盖纽掀开盖；右手持盖至鼻前闻香。左手端碗，右手持盖向外撇茶 3 次，以观汤色。右手将盖倾斜盖放碗口，双手将碗端至嘴前啜饮。

（二）闻香杯与品茗杯品茗法

1. 闻香杯与品茗杯翻杯技法。左手扶茶托，右手端品茗杯反扣在盛有茶水的闻香杯上（右手食指压品茗杯底，拇指、中指持杯身）。右手用食、中指反夹闻香杯，拇指抵在品茗杯上（手心向上）；内旋右手手腕，使手心向下，拇指拖住品茗杯；左手端住品茗杯，然后双手将品茗杯连同闻香杯一起放在茶托右侧。

2. 闻香与品茗手法。左手扶住品茗杯，右手旋转闻香杯后提起，使闻香杯中的茶倾入品茗杯，右手提起闻香杯后握于手心，左手斜搭于右手外侧上方闻香，使杯中的香气集中进入鼻孔。

用拇指、中指捏住杯壁，无名指抵住杯底，食指挡于杯上方，男性单手端杯，女性左手手指拖住杯底，小口啜饮。

第四节　茶席设计

茶席是指为表现茶艺之美或茶道精神而规划的一个场所。茶席不同于简单的冲泡台，它是泡茶者或者茶艺表演者的舞台。茶席的特征主要有四个：实用性、艺术性、综合性、独立性。

一、泡茶席的功能与配备

（一）主茶器

主茶器是用以泡茶的各式冲泡器，如茶壶、茶碗或冲泡杯，以及搭配的茶盅、茶船、壶垫、盖置、茶杯（或含托）、奉茶盘等。

（二）辅茶器

辅茶器是用以方便泡茶的辅助性茶具，如茶荷、茶
巾、渣匙、茶拂、计时器等。

茶荷

（三）备水器

备水器是用以准备泡茶用水与弃置茶渣、茶水的茶器或设备，如煮水器、
水瓶、水盂或排水、排渣孔等。

（四）储茶器

储茶器是用以存放茶叶或茶粉的器具，如茶罐、茶瓮等。

（五）铺垫

铺垫是指茶席整体或局部物件摆放下的各种铺垫、衬托、装饰物的统称。
铺垫的质地、款式、大小、色彩、花纹等，应根据茶席设计的主体与立意，
运用对称、不对称、烘托、反差、渲染等手段的不同要求加以选择，或铺桌
上，或摊地下，或搭一角，既可作流水蜿蜒之意象，又可作绿草茵茵之联想。

二、茶席上的四艺

这里所说的四艺是沿用流行于宋朝的点茶、挂画、插花、焚香，当时讲究生
活情趣的人们经常应用的生活艺术。现在我们以点茶（即现代统称的泡茶）为主，
将其他三项挂画、插花、焚香作为衬托茶艺、增强茶艺表现力的辅助性项目。

（一）挂画

挂画指将书法、绘画等作品靠挂于泡茶席或
茶室的墙上、屏风上，或悬空吊挂于空中的一种
行为。挂画可以增进人们对艺术的理解，可以帮
助人们表现自己想要述说的美感境界与气氛，也
可以借此陶冶自己、家人或其他观赏者的心性。
在品茗环境里，挂画还有一个任务，就是帮助主
人表达他的茶道思想给进入茶室或泡茶席的人。

挂画要与茶席相协调，整体风格与美感要一致，否则主题不明显，力道不足。
另外挂画在茶席上要严守配角的本分，不可挂得太多。

（二）插花

插花指人们以自然界的鲜花、叶草果实、枯枝、雅石为材料，通过艺术加工，在不同的线条和造型变化中，融入一定的思想和情感而完成的再造形象。茶席插花的基本特征是：简洁、淡雅、小巧、精致。插花的"花"并不局限于花朵，凡是具有观赏价值的植物的各部分器官，即花、枝、叶、果、芽、皮、根等都统称为插花中广义的"花"。茶席之花所用的花材香气不宜太强，否则干扰了茶味的欣赏；花型大小、花朵颜色都要配合整个茶席气氛与主题，没有一定的准则。

（三）焚香

焚香是指人们将从动物和植物中获取的天然香料进行加工，使其成为各种不同的香型，并在不同的场合焚熏，以获得嗅觉上的美好感受。香气可以协助塑造品茗空间的气氛，让人们进入这个环境，不假思索地就可以接受到主人想要给予的感觉。它配合上其他视觉、触感，甚至音乐声响的效用，更立体地传达了茶席的环境语言。一股沉香木的香气让人沉思，一股檀香木的香气让人思古，一股割草皮的香气让人感受到青春活力，一股玫瑰花香将人带进爱情的浪漫之中。在茶的品饮上，我们不是也感受过不发酵茶的菜香、轻发酵茶的花香、重发酵茶的果香、全发酵茶的糖香、后发酵茶的木香吗？但这股香气不能太强，否则会干扰到品茗时的茶味。

香气的使用也可以应用茶叶本身的香气，将干茶置于家庭用的小型焙笼之中，给以适当的温度（芽茶类 80℃左右，叶茶类 90℃左右），茶香自然发散于茶屋之内，适当浓度后将热源关掉。这股"以茶说茶"的香气运用还可以有"相应"与"相衬"的不同做法。"相应"是熏以同类的茶，如今天喝铁观音，即熏以铁观音的香；"相衬"是熏以不同的茶，如今天喝清凉感的绿茶，则熏以温暖感的武夷岩茶香。

三、茶席主题的确立

茶席主题的确定一般有一个明确的目的，或缅怀，或纪念，或庆贺，无论是歌咏一年四季的好，或是吟咏自然风光的美，甚至是婚庆喜宴、缅怀故人，都会有一个预设的目标。设计一个新的泡茶席，或者更新一个原有的泡茶席，事先定个主题有助于茶席各个部分或各个因子的统一与协调。这个主题可以以季节为标的，如表现春天、夏天、秋天、冬天的景致；可以以茶的种类为标的，如为碧螺春设计茶席，为铁观音、红茶、普洱茶设计茶席。

茶席设计：对于秋天

当然也不乏一些随性的茶友，"漫无目的"地摆起茶席，其实这无目的的背后也写着一个"有"字，因为休闲愉悦自己也是一种最基本的目的或主题。

四、茶席风格的塑造

（一）以插花塑造风格

插花在茶席上的应用，可以协助主人达到茶席所要表达的意境。但现在所要说的是以插花为主要手段，表现主人所要达到的任务，这时的插花不能只是站立在一旁观看，而是要进入泡茶席的核心区，与茶具一起共舞。

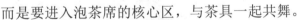

（二）以背景塑造风格

背景包括泡茶席的后方以及左右两侧，甚至于前方都可以算作背景，它从四周烘托了茶席想要的气氛。但如果以极其强烈的效果在视觉焦点的泡茶席背后出现，那就是以背景塑造风格的例子。如泡茶席以大幅的水墨草书作为背景，一下子就塑造出了茶席的艺术性、抽象性、节奏性的风格；茶席以大幅的梅干与简单的枝条为背景，也是一下子

抢夺了人们的视线，而且让人们体会到孤高、悠远的气势。

（三）以茶具塑造风格

茶具是每一个泡茶席上所必须有的设备，
也是茶席风格整体表现的一部分，如果要表现
春天的气息或绿茶的青草味，可以使用青瓷的
一整套茶具，如果要表现秋天的萧瑟或陈年普
洱茶的沧桑，可以使用一套施以茶叶末釉色的手拉坯茶具。但也可以以极为
夸张的手法，摆出一套形体与色彩都相当强烈的一组茶具，整个品茗环境的
风格一下子都被它牵动了。如茶席以大型玻璃壶具占去了大部分的桌面，加
上蓝色纱布的衬托，很容易地就将茶的清凉感、轻松愉快的感觉表现了出来。

（四）以色调塑造风格

色彩是表现情感与风格的极佳媒介，红与金黄很容易造成喜庆的气氛，
蓝与绿很容易表达太阳与旷野，白色表现纯洁、细腻，还可以带点神经质。
然而有能力整合茶席上的所有色彩，使之一致地述说着同一故事，那就必须
在色彩与形体的掌握上有一定的修养。

（五）以桌面塑造风格

这里所说的桌面效果往往是指桌巾而言，
利用桌巾强烈的色彩、图案与造型（如利用骑
巾与小方块布造成的效果），吸引与会者的注
意，或者突破掉周遭不协调的场景。当然也可
以利用桌巾或桌面的处理来加强茶具的视觉效
果，如桌子与茶具都是深色或都是浅色，就可
以利用桌巾的颜色将茶具突显出来，如茶席是
利用捆绑花枝的粗草席作为桌巾铺在桌面，再置上粗放的手拉坯茶具，就构
成一幅随兴、不修边幅的画面。

（六）以打扮塑造风格

坐在泡茶席上泡茶的人及其助手，甚至于参与茶会的其他宾客，都是塑
造茶席风格的因素，所以司茶与助手的打扮，以及客人被要求的穿着与邀约
对象的选择都是茶席设计、茶会举办应该考虑的事项。

（七）以基地塑造风格

泡茶席是以什么作为建构的基础，这关系到往后的发展，例如席地而设的泡茶席，没有桌椅，一切器物与人都要就着地面来安置；以茶车为基地而设的茶席，其操作台上就备有去渣、排水的设备，茶车的内柜又是收纳备用茶器的地方，所以很多功能性的器物与设施就可以省略；但如果以桌子为泡茶的基地，客人又是围着桌子就座，那最好另备一张侧柜，以便陈放部分茶器。除了以上所说的三大不同的基地形式，每种形式的基地还可以有多种不同的变化以适应主人想要表现的境界。

第五节　茶艺表演

茶艺首先是一门生活艺术而不是舞台艺术，其目的是要让茶艺的爱好者对茶艺的艺术特点有正确的认识，这样在表演时才能准确把握个性，掌握尺度，表现出茶艺独特的美学风格。茶艺在表演风格上注重自娱、自享和内省内修，犹如太极拳，虽然可以用于表演，但根本的作用还是作为个人修身养性的手段。茶艺表演应体现出动作美和神韵之美，而"韵"向来是我国古典美学的最高范畴，不妨理解为传神、动心、韵味无穷。在茶艺表演中要达到气韵生动需经过三个阶段的训练：第一阶段要求过程熟练，这是基础，熟才能生巧；第二阶段要求动作规范、细腻、到位；第三阶段要求传神达韵，在传神达韵的练习中要特别注意"静"与"韵"，以静求韵。

现以红茶与大红袍二例，介绍茶艺程序。

一、浪漫音乐红茶茶艺

在这道茶艺中，我们借助红茶、相思梅和小金橘来演绎梁山伯与祝英台的爱情故事。

第一道程序：洗净凡尘

爱是无私的奉献，爱是无悔的赤诚，爱是纯洁无瑕心灵的碰撞。所以在冲泡"碧血丹心"之前，我们要特别细心地洗净每一件茶具，使它们像相爱的心一样一尘不染。

第二道程序：喜遇知音

相传，祝英台是一位好学不倦的女子，她摆脱了封建世俗的偏见和家庭的束缚，乔装成男子前往杭州求学，在途中与梁山伯相遇。他们一见如故，义结金兰，就好比茶人看到好茶一样，一见钟情，一往情深。今天，我们为大家冲泡的是产于福建武夷山自然保护区的正山小种红茶，这种红茶曾风靡世界，在国际上被称为"灵魂之饮"。

第三道程序：十八相送

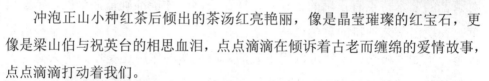

十八相送讲的是梁祝分别时，十八里长亭，梁山伯送了祝英台一程又一程，两人难舍难分，恰似茶人投茶时的心情。

第四道程序：相思血泪

冲泡正山小种红茶后倾出的茶汤红亮艳丽，像是晶莹璀璨的红宝石，更像是梁山伯与祝英台的相思血泪，点点滴滴在倾诉着古老而缠绵的爱情故事，点点滴滴打动着我们。

第五道程序：楼台相会

把红茶、相思梅放入同一个壶中冲泡，好比梁祝在楼台相会，他们两人心相印、情相融，升华成为芬芳甘美、醇和沁心的琼浆玉液。

第六道程序：红豆送喜

"红豆生南国，春来发几枝，愿君多采撷，此物最相思。"我们用小金橘代替红豆，送上我们真诚的祝福，祝天下有情人终成眷属，祝所有的家庭幸福、美满、和睦。

第七道程序：英灵化蝶

如果说闷茶时是爱的交融，那么出汤时则是茶性的涅槃，是灵魂的自由，是人心的解放。请看，倾泻而出的茶汤，像春泉飞瀑在吟唱，又像是激动的泪水在闪烁着喜悦的光芒。请听，这茶汤入杯时的声音如泣如诉，像是情人缠绵的耳语，又像是春燕在呢喃。

现在，我们用彩蝶双飞的手法，为大家再现梁山伯与祝英台英灵化蝶，双飞双舞的动人景象。

碧草青青花盛开，彩蝶双双久徘徊。

梁祝真情化茶水，洒向人间都是爱。

第八道程序：情满人间

现在，我们将冲泡好的"碧血丹心"敬奉给大家，梁祝虽千古，真情留人间。

"洒不尽相思血泪抛红豆，咽不下金波玉液噎满喉"，那是贾宝玉对爱情的伤怀，而我们这个时代自有我们这个时代的情和爱。在我们眼里，杯中鲜红的茶汤，凝聚着梁祝的真情，而杯中两粒泛红的小金橘如两颗赤诚的心在碰撞。

这杯茶是酸酸的、甜甜的，希望各位能从这杯"碧血丹心"中品悟出妙不可言的爱情的滋味。

浪漫音乐红茶表演到此结束，谢谢！

二、大红袍茶艺表演

世界自然文化双遗产地武夷山，不仅是风景名山、文化名山，而且是茶叶名山。大红袍是清代贡茶中的极品，乾隆皇帝在品饮了各地贡茶后曾题诗评价说："就中武夷品最佳，气味清和兼骨鲠。"现在我们就请各位嘉宾"当回皇帝过把瘾，品啜茶王大红袍"。

（一）恭迎茶王

"千载儒释道，万古山水茶"。在碧水丹山的良好生态环境中所生产的大红袍"臻山川精英秀气之所钟，品俱岩骨花香之胜"。现在我们请出名满天下的茶王——大红袍。

焚香静气。茶须静品，香可通灵。我们焚香一敬天地，感谢上苍赐给我们延年益寿的灵芽；二敬祖先，是他们用智慧和汗水，把灵芽变成了珍芽；三敬茶神，茶那赴汤蹈火、以身济世的精神我们一定会薪火相传。

（二）喜遇知己

乾隆皇帝在品饮了大红袍后曾赋诗说："武夷应喜添知己，清苦原来是一家。"这位嗜茶皇帝，不愧是大红袍的千古知音。现在就请大家细细地观赏名满天下的大红袍，希望各位嘉宾也能像乾隆皇帝一样，成为大红袍的知己。

（三）大彬沐淋

时大彬是明代制作紫砂壶的一代宗师，他制的壶被后人叹为观止，视为至宝。所以后代茶人常把名贵的紫砂壶称为"大彬壶"。在茶人眼里，"水是茶之母，壶是茶之父"，要冲泡大红袍这样的茶王，只有用大彬壶才能相配。

（四）茶王入宫

把大红袍请入茶壶。

（五）高山流水

武夷茶艺讲究"高冲水，低斟茶"。高山流水有知音，这倾泻而下的热水，如瀑布在鸣奏着大自然的乐章，请大家静心聆听，希望这高山流水能激发您心中的共鸣。

（六）春风拂面

用壶盖轻刮去茶汤表面的白色泡沫，以便茶汤更加清澈亮丽。

（七）乌龙入海

我们品茶讲究"头泡汤，二泡茶，三泡四泡是精华"。我们把头一泡的茶汤用于烫杯或直接注入茶盘，称为"乌龙入海"。

（八）一帘幽梦

第二次冲入开水后，茶与水在壶中相依偎、相融合，这时还要继续在壶的外部浇淋开水，以便让茶在滚烫的壶中孕育出香，孕育出妙不可言的岩韵，这种神秘的感觉恰似一帘幽梦。

（九）玉液移壶

冲泡大红袍，我们要准备两把壶，一把用于泡茶，称为"母壶"，一把用于储存茶汤，称为"子壶"，把泡好的茶倒入子壶称为"玉液移壶"。

（十）祥龙行雨

将壶中的茶汤快速均匀地注入闻香杯称为"祥龙行雨"，取其甘霖普降的吉祥之意。

（十一）凤凰点头

当改为点斟的手法时称为"凤凰点头"，象征着向各位嘉宾行礼致敬。

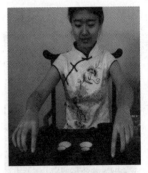

（十二）夫妻和合

把品茗杯扣在闻香杯上称为"夫妻和合"，也称"龙凤呈祥"。祝福天下有情人终成眷属，祝所有的家庭幸福美满。

（十三）鲤鱼翻身

把扣合好的杯子翻转过来称为"鲤鱼翻身"，祝在座的各位嘉宾事业发达，前程辉煌。

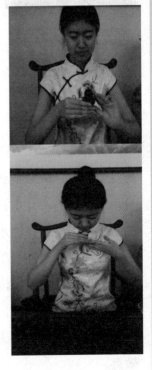

（十四）敬献香茗

把冲泡好的大红袍敬献给各位嘉宾。

（十五）细闻天香

大红袍的茶香锐则浓长，清则悠远，如梅之清逸，如兰之高雅，如熟果之甜润，如乳香之温馨。请大家细闻这妙不可言的天香。

（十六）三龙护鼎

这是持杯的手势，三个手指喻为三龙，茶杯如鼎，故名"三龙护鼎"，这样持杯既稳当又雅观。

大红袍的茶汤清澈艳丽，呈深橙黄色，在观赏时要注意欣赏茶水的颜色，茶水在杯沿、杯中和杯底会呈现出明亮的金色光圈，所以称为"鉴赏双色"。

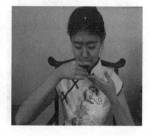

（十七）初品奇茗

现在品头道茶。品茶时我们啜入一小口茶汤，不要急于咽下，而是用口吸气，让茶汤在口腔中流动并冲击舌面，以便精确地品出这一泡茶的火工水平。

（十八）再斟流霞

为大家斟第二道茶。

（十九）感受心香

大红袍的香气沁人心脾，怡情怡志，我们只有带着丰富而浪漫的想象力，才能感受到大红袍的心香。

（二十）敬杯谢茶

大红袍茶艺到此结束，希望大家的生活像大红袍一样芳香持久，回甘无穷。

【茶博士】

"凤凰三点头"的含义

"凤凰三点头"是茶艺中的一种传统礼仪，是对客人表示敬意，同时也表达了对茶的敬意。

高提水壶，让水直泻而下，接着利用手腕的力量，上下提拉注水，反复三次，让茶叶在水中翻动。这一冲泡手法，雅称凤凰三点头。凤凰三点头不仅为了泡茶本身的需要，为了显示冲泡者的姿态优美，更是中国传统礼仪的体现。三点头像是对客人鞠躬行礼，是对客人表示敬意，同时也表达了对茶的敬意。

凤凰三点头最重要的在于轻提手腕，手肘与手腕平，便能使手腕柔软有余地。所谓水声三响三轻、水线三粗三细、水流三高三低、壶流三起三落都是靠柔软的手腕来完成。至于手腕柔软之中还需有控制力，才能达到同响同轻、同粗同细、同高同低、同起同落而显示手法精到，最终结果才会看到每碗茶汤完全一致。

凤凰三点头寓意三鞠躬，表达主人对客人有敬意善心，因此手法宜柔和，不宜刚烈。然而，水注三次冲击茶汤，更多激发茶性，也是为了泡好茶，不能以表演或做作心态去对待，这样才会心神合一，做到更佳。

【故乡的茶】

烟台绿茶

烟台绿茶产于山东省烟台市。烟台是我国纬度最高的茶区之一，受温带湿润海洋气候影响，茶树生长较慢，茶叶营养成分积累多，品质优良，具有"叶片肥厚、有机和无机化合物含量丰富"等特点。农业部茶叶质量监督检验测试中心检测表明，烟台绿茶水浸出物比南方茶叶高14%，氨基酸含量高56%，氨基酸和叶绿素的含量在全国21个茶区中是最高的，茶氨酸含量高64%。

烟台绿茶的生产地域范围是烟台市现辖行政区域。地理坐标：东经119°34′～121°57′，北纬36°16′～38°23′。该区域山地丘陵土壤呈微酸性，含有丰富的有机质和微量元素，为茶树种植提供了得天独厚的自然条件。

烟台绿茶按加工外形不同，分为扁平茶、卷曲茶、针形茶。扁平茶外形扁平，不同级别茶叶从光滑到扁平；色泽从嫩绿到黄绿，匀整洁净；香气高，从花香、豌豆香到纯正；滋味醇，无异味；汤色从碧绿明亮到黄绿明亮；叶底从嫩绿明亮到黄亮。卷曲茶外形条索卷曲、细紧、匀整；不同级别茶叶色泽从翠绿到墨绿，但不得枯黄、断碎；香气高，从豌豆香到尚纯；汤色从碧绿明亮到黄绿，但不得浑浊；滋味醇、无异味；叶底从嫩绿明亮到黄绿。针形茶外形条索直、细紧，有白毫，不同级别茶叶从翠绿到墨绿，但不得枯黄、

断碎；香气高，从清香到尚纯；汤色从碧绿明亮到黄绿，但不得浑浊；滋味醇、无异味；叶底从嫩绿明亮到黄绿。烟台绿茶茶多酚与水浸出物比值是 0.4～0.6，为绿茶品质最佳比例。

（一）产品感官特征

1. 扁形茶：外形扁平挺直、光滑鲜润、色泽翠绿或黄绿，汤色碧绿明亮，香气浓郁悠长、持久，滋味鲜厚、醇和，叶底匀齐成朵。

2. 卷曲茶：条索紧细或紧结，匀整壮实，色泽灰绿起霜，香气清高而持久，滋味浓醇而回甘，叶底嫩绿而厚实，有"入口浓醇、过喉鲜爽、口留余香、回味甘甜"之感。

3. 针形茶：外形紧、细、圆、直、绿，有白毫，汤色清澈、绿亮，香气清高，滋味醇和，叶底柔软。

（二）产品内质特征

烟台茶具有叶片厚、香气浓、汤色碧绿明亮、耐冲泡、独特的豆香等特点，深受广大消费者喜爱。这些特点的形成与其特有的鲜叶形态与内在营养成分是分不开的。

【茶语人生】

喝 茶

杨绛

曾听人讲洋话，说西洋人喝茶，把茶叶加水煮沸，滤去茶叶，单吃茶叶，

吃了咂舌道："好是好，可惜苦些。"新近看到一本美国人做的茶考，原来这是事实。茶叶初到英国，英国人不知道怎么吃法，的确吃茶叶渣子，还拌些黄油和盐，敷在面包上同吃，什么妙味，简直不敢尝试。

以后他们把茶当药，治伤风，清肠胃。不久，喝茶之风大行。1660年的茶叶广告上说："这刺激品，能驱疲倦，除噩梦，使肢体轻健，精神饱满。尤其能克制睡眠，好学者可以彻夜攻读不卷。身体肥胖或食肉过多者，饮茶尤宜。"

莱登大学的庞德格博士（Dr. Cornelius Bontekoe）应东印度公司之请，替茶大作广告，说茶"暖胃，清神，健脑，助长学问，尤能征服人类大敌——睡魔"。他们的怕睡，正和现代的人怕失眠差不多。怎么从前的睡魔，爱缠住人不放；现代的睡魔，学会了摆架子，请他也不肯光临。传说，茶叶原是达摩祖师发愿面壁参禅，九年不睡，天把茶赏赐给他偿愿的。

胡峤《饮茶诗》："沾牙旧姓余甘氏，破睡当封不夜侯。"汤况《森伯颂》："方饮而森然严乎齿牙，既久而四肢森然。"可证中国古人对于茶的功效，所见略同。只是茶味的"余甘"，不是喝牛奶红茶者所能领略的。

浓茶掺上牛奶和糖，香洌不减，而解除了茶的苦涩，成为液体的食料，不但解渴，还能疗饥。不知古人茶中加上姜盐，究竟什么风味，卢仝一气喝上七碗茶，想来是叶少水多，冲淡了的。诗人何立治的儿子，也是一位诗人，他喝茶论壶不论杯。约翰生博士也是有名的大茶量。不过他们喝的都是甘腴的茶汤。若是苦涩的浓茶，就不宜大口喝，最配细细品。照《红楼梦》中妙玉的论喝茶，一杯为饮，二杯即是解渴的蠢物。那么喝茶不为解渴，只在辨味，细味那苦涩中一点回甘。记不得哪一位英国作家说过，"文艺女神带着酒味"，"茶只能产生散文"。而咱们中国诗，酒味茶香，兼而有之，"茶清只为饮茶多"。也许这点苦涩，正是茶中诗味。

法国人不爱喝茶。巴尔扎克喝茶，一定要加白兰地。《清异录》载符昭远不喜茶，说"此物面目严冷，了无和美之态，可谓冷面草"。茶中加酒，使有

"和美之态"吧？美国人不讲究喝茶，北美独立战争的导火线，不是为了茶叶税么？因为要抵制英国人专利的茶叶进口，美国人把几种树叶，炮制成茶叶的代用品。至今他们的茶室里，顾客们吃冰淇淋喝咖啡和别的混合饮料，内行人不要茶；要来的茶，也只是英国人所谓"迷昏了头的水"（be witched water）而已。好些美国留学生讲卫生不喝茶，只喝白开水，说是茶有毒素。代用品茶叶中该没有茶毒。不过对于这种茶，很可以毫无留恋的戒绝。

伏尔泰的医生曾劝他戒咖啡，因为"咖啡含毒素。只是那毒性发作得很慢"。

伏尔泰笑说："对啊，所以我喝了七十年，还没毒死。"唐玄宗时，东都进一僧，年百三十岁，玄宗问服何药，对曰，"臣少也贱，素不知药，惟嗜茶"。因赐名茶五十斤。看来茶的毒素，比咖啡的毒素发作得更要慢些。爱喝茶的，不妨多喝吧。

【我与茶行】

1. 以同一种茶，分别用自来水、纯净水、矿泉水各泡一杯，与家长一起品尝并评论有何不同。

2. 构思一个茶席主题，拍摄下来并发到课程网站上。

人生篇

第七章　饮茗养生

　　中国人饮茶有着悠久的传统，自然也总结出了一套饮茶养生的方法，那就是辨体质选茶饮。茶尽管主产地在我国的南方，但是因地区、气候等自然环境变化也会有所不同，加之制作工艺及加工过程的不同，茶性也会有所区别。因而饮茶就和吃普通的农副产品一样，要按体质区别对待。

【茶闻趣事】

贾母为何不喝六安茶

"一部《红楼梦》,满纸茶叶香",古典名著《红楼梦》中精细描绘的茶事,充分表明了我国茶文化发展日臻成熟,已成为日常生活不可或缺的重要环节,其中《第四十一回 栊翠庵茶品梅花雪》的一幕就颇为精彩。

贾母道:"我们才都吃了酒肉,你这里头有菩萨,冲了罪过。我们这里坐坐,把你的好茶拿来,我们吃一杯就去了。"妙玉听了,忙去烹了茶来。宝玉留神看她是怎么行事。只见妙玉亲自捧了一个海棠花式雕漆填金云龙献寿的小茶盘,里面放一个成窑五彩小盖钟,捧与贾母。贾母道:"我不吃六安茶。"妙玉笑说:"知道。这是老君眉。"贾母接了,又问:"是什么水?"妙玉笑回:"是旧年蠲的雨水。"贾母便吃了半盏,便笑着递与刘姥姥,说:"你尝尝这个茶。"刘姥姥便一口吃尽,笑道:"好是

好,就是淡些,再熬浓些更好了。"贾母众人都笑起来。然后众人都是一色官窑脱胎填白盖碗。

如此简短的一段文字,却蕴含了极为丰富的茶事内涵,从习惯、茶品、茶具、用水、品饮等方面展现了清代茶事的精髓。

文中所指的"六安茶"属不发酵的绿茶,产于安徽省六安县霍山地区。明人屠隆《考槃余事》中曾列出最为当时人称道的茶有六品,即"虎丘茶""天池茶""阳羡茶""六安茶""龙井茶""天目茶"。"六安茶"列为六品之一,以茶香醇厚而著称于世。曹雪芹写《红楼梦》其时,"六安茶"与西湖龙井茶同属天下名茶,为珍贵的贡茶。由此可知,自清一代"六安茶"是以贡品而受人们重视的,明清以来文献中也多有提及。

从贾母看到妙玉奉茶就直言"我不吃六安茶"可见,六安茶在贾府应是

常吃之茶，但贾府的老祖宗贾母又为何不喜饮这种名贵的"六安茶"呢？究其原因，六安茶香气高长，滋味醇厚，且耐冲泡，但贾母为养尊处优的贵夫人，饮食以清淡为主，品茗淡薄量微，故不吃六安茶。而老君眉茶形细长如眉，银毫显露，寓意长寿，其味淡雅，正合贾母之意。所以，贾母并不是排斥六安茶，也不是六安茶不好，而是生活习性使然。贾母吃茶，即便是妙玉特意奉上的好茶，亦只吃了半盏，可见贾母是懂得细细品茶的高人。而刘姥姥粗人一个，一口干了老君眉，还说熬浓些才好，实在是不解老君眉之雅，如果妙玉给刘姥姥送上的是一杯六安茶，就"对路适消（销）"了。

由此可见茶性各异，好茶是否好喝也因人而异，这本是没有标准答案的问题，只有用心品味，我们才会找到真正属于自己的那杯好茶。

第一节　茶的功效

茶成为当今世界人民喜爱的饮料，不仅是因它具有独特风味，而且因为茶对人体有营养价值和保健功效。人体所需要的 86 种元素，已查明茶叶中有 28 种之多，所以说茶是人体营养的补充源。茶在开发智慧、预防衰老、提高免疫功能、改善肠道细菌结构和消臭、解毒方面的功效已被许多科学研究证实，因此它也是一种性能良好的机能调节剂。同时，茶还对多种疾病有一定的预防作用和辅助疗效。所以，茶不但是药，而且是如同唐代陈藏器所强调的"茶为万病之药"，茶不但有对多科疾病的治疗效能，而且有良好的延年益寿、抗老强身的作用。

一、茶的药用成分

茶叶中和人体健康关系密切的组分，主要有以下几类。

（一）咖啡碱

咖啡碱是茶叶中一种含量很高的生物碱，一般含量为 2%～5%。每 150 毫升的茶汤中含有 40 毫克左右咖啡碱。咖啡碱是一种中枢神经的兴奋剂，具有提神的作用。在对咖啡碱安全性

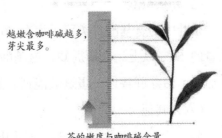

越嫩含咖啡碱越多，芽尖最多。

茶的嫩度与咖啡碱含量

评价的综合报告中，结论是：在人正常的饮用剂量下，咖啡碱对人无致畸、致癌和致突变作用。

（二）多酚类化合物

可溶性的多酚类化合物在红茶中的含量约为干重的 10%～20%，它主要由儿茶素类、黄酮类化合物、花青素和酚酸组成，具有防止血管硬化、防止动脉粥样硬化、降血脂、消炎抑菌、防辐射、抗癌、抗突变等多种功效。

（三）维生素类

茶叶中含有丰富的维生素类。茶叶中含有原维生素 A，如 100 克绿茶中有 16～25 毫克的胡萝卜素，100 克红茶中有 7～9 毫克的胡萝卜素。维生素 A 能预防虹膜退化，增强视网膜的感光性，有明目的作用。维生素 B 族的含量一般为茶叶干重的 100～150 ppm。茶叶中维生素 C 含量很高。维生素 C 能防治坏血病，增加机体的抵抗力，促进创口愈合，有防癌功效，还能抑制皮肤上的色素沉积，有预防色斑生成的美容效果。茶叶中维生素 E 含量也高于其他植物。维生素 E 是一种抗氧化剂，可以阻止人体中脂质的过氧化过程，因此具有抗衰老的效应。茶叶中维生素 K 的含量为每克成茶 3～5 毫克，因此每天饮用 5 杯茶即可满足人体的需要。维生素 K 可促进肝脏合成凝血素，还可治疗骨质疏松。茶叶中的维生素 P 对心血管病有一定的预防作用。

（四）矿质元素

茶叶中含有多种矿质元素，如磷、钾、钙、镁、锰、铝、硫等，这些矿质元素中的大多数对人体健康是有益的。茶叶中的氟含量很高，平均为 100～200 ppm，远高于其他植物，氟对预防龋齿和防治老年骨质疏松有明显效果。

（五）氨基酸

茶叶中的氨基酸种类已报道有 26 种，其中茶氨酸的含量最高，占氨基酸总量的 50% 以上。众所周知，氨基酸是人体必需的营养成分，如谷氨酸能降低血氨，治疗肝昏迷，蛋氨酸能调整脂肪代谢。

（六）其他

除了上述这些主要成分，茶叶中还含有一些次要的活性成分，它们的含量虽然不高，却具有独特的药效。如茶叶中的脂多糖具有防辐射和增加白血球数量的功效；茶叶中几种多糖的复合物和茶叶脂质组分中的二苯胺，具有降血糖的功效；茶叶在嫌气条件下加工形成的α-氨基丁酸具有降血压的作用。

二、茶的疗效作用

（一）提神解乏消疲劳

据研究，茶叶含有咖啡碱，咖啡碱是一种白色丝光针状的结晶体，被人体吸收之后，能加强大脑皮质感觉中枢活动，使人体对外界刺激的感受更为敏锐，精神振奋。在医学临床上，用它治疗伤风头痛，疗效显著，而且没有副作用。另外，咖啡碱对心肌有直接增强收缩的作用，并能扩张冠状动脉和肾脏血管，还可作治疗心绞痛和心肌梗死的一种辅助剂。

茶叶中的咖啡碱还不同于普通纯咖啡碱，它与茶汤里的其他物质中和，形成一种混合物，这种混合物在胃内酸性条件下，失去了纯咖啡碱的活性和对胃的刺激性，当混合物进入小肠的非酸性环境中时，咖啡碱又能还原释放出来，被血液吸收，从而发挥它的功能，在一定程度上起到解除疲劳的作用。

（二）除脂解腻促消化

首先，茶叶中的生物碱具有刺激中枢神经系统和植物神经系统的作用，可以刺激胃液分泌，松弛胃肠道平滑肌，对含蛋白质丰富的动物类食品有良好的消化效果。其次，茶汤中的肌醇、叶酸、泛酸等维生素物质以及蛋氨酸、卵磷脂、胆碱等多种化合物，都有调节脂肪代谢的功能，有助于食物的消化，所以在进食肉类或油腻的食物后，喝一杯清茶会感到特别舒服。茶汤中还含有一些芳香族化合物，它们能够溶解油脂，帮助消化肉类和油类等食物。如乌龙茶，目前在东南亚和日本很受欢迎，被誉为"苗条茶""美貌和健康的妙药"。乌龙茶有很强的分解脂肪的功能，长期饮用不仅能降低胆固醇，而且能使人减肥健美。此外，茶叶加糖可治疗消化性溃疡，生茶油可治疗急性蛔虫性肠梗阻等消化系统疾病。

（三）生津止渴解暑热

饮茶能解渴是众所周知的常识。实验证实，饮热茶 9 分钟之后，皮肤温度下降 1～2℃，并有凉快、清爽和干燥的感觉，饮冷茶后皮肤温度下降不明显。饮茶的解渴作用与茶的多种成分有关。茶汤补给水分以维持肌体的正常代谢，且其中含有清凉、解热、生津等有效成分。饮茶可刺激口腔黏膜，促进唾液分泌产生津液，芳香类物质挥发时又可带走部分热量，使口腔感觉清新凉爽，且可以控制体温调节中枢，调节体温以达到解渴的目的。茶叶的解渴功能是由茶多酚、咖啡碱、多种芳香物质和维生素 C 等成分综合作用的结果。茶叶有清火之功，有些人容易上火，发生大便干结、困难等，于是就食用蜂蜜或香蕉等食品，以减轻症状，但此法只能解决一时之苦，而根除火源的好办法是坚持每天饮茶，茶叶"苦而寒"，具有降火清热的功能。

（四）强骨防龋除口臭

实验研究和流行病学调查均证实茶有固齿强骨、预防龋齿的功能。茶叶中含有较丰富的氟，氟在保护骨骼和牙齿的健康方面有非常重要的作用。龋齿的主要原因是牙齿的钙质较差，氟离子与牙齿的钙质有很大的亲和力，它们结合之后，可以补充钙质，使抗龋齿能力明显增强。茶本身是一种碱性物质，因此能抑制钙质的减少，起到保护牙齿的作用。口腔发炎、牙龈出血等是常见的口腔疾病且常伴有口臭，晨起浓茶一杯，可以清除口中黏性物质净化口腔。有些人清晨刷牙时，常会牙龈出血，这种现象常常是由于维生素 C 缺乏所致，茶叶中含有丰富的维生素 C，饮茶可以部分地补充维生素 C 的供应。

（五）保肾清肝并消肿

茶可保肾清肝、利尿消肿，这是因为茶能增加肾脏血流量，提高肾小球滤过率，增强肾脏的排泄功能。乌龙茶中咖啡因含量少，利尿作用明显，是男女老幼皆宜饮用的茶。茶的利尿作用是咖啡碱、茶碱和可可碱的功能所致，其中茶碱的作用最强，咖啡碱次之，可可碱的利尿作用持续时间最长。这些物质的作用是阻抑肾小管对水分的吸收，导致尿中钠和氯离子含量增多，并能刺激血管运动中枢，扩张肾脏血管以畅通血液，对肝脏、心脏性水肿和妊娠水肿与呕吐都有明显的治疗作用。

（六）预防辐射减疲劳

据报道，在广岛原子弹爆炸事件中，凡有长期饮茶习惯的人存活率高，因为茶叶中所含有的单宁物质和儿茶素，可以中和锶90等物质，减少放射性物质的伤害。

电视和电脑的荧光屏会发出一些射线，这些射线对人体有害，尤其是长时间看电视电脑能引起人们的视觉疲劳和视力衰退。为了减轻这些射线对身体和眼睛的影响，时常喝杯茶不失为一个好办法。茶叶中含有多种维生素和一些微量元素，甚至比许多水果中的含量还多，对人体健康有好处。茶中的维生素 A 有利于恢复和防止视力衰退；维生素 B_2 对眼睑、眼睛的结膜和角膜有保护作用，缺了它，会引起流泪、视力模糊；维生素 C 是眼睛晶状体中的重要营养成分，不足时会使晶体受损，变得浑浊；维生素 D 直接参与眼视网膜的杆状细胞内视紫质的合成，以维持视觉的正常；微量元素锌则是维生素 A 在人体内运转的必需物质；如果维生素 D 或者锌不足，会减弱眼睛的暗适应力和辨色能力。另外，茶中还含有钼、钙、脂、茶多酚类物质，它们也有减轻视觉疲劳和防辐射的效用。其实屏幕射线对人体的损害不仅仅是视力，还会对神经、免疫力、心血管系统等都有不利的影响，只是影响不如视力那么直接罢了。饮茶对减轻屏幕射线的危害很有益处，最直接的一个作用就是饮茶能够增加排尿，将毒素排出，净化身体环境。

（七）美容养颜

茶叶含有丰富的化学成分，是天然的健美饮料，经常喝茶有助于保持皮肤光洁白嫩，推迟面部皱纹的出现和减少皱纹。茶叶中的纤维素含量很高，可以使胃肠蠕动加快，减少肠壁对代谢废物的吸收，保持血液清洁，从而起到美容的效果。

用茶水洗脸、洗澡，可减少皮肤病的发生，而且可以使皮肤光泽、滑润、柔软；用纱布蘸水敷在眼部黑圈处，每日 1～2 次，每次 20～30 分钟，可以消除黑眼圈；用茶水洗手洗脚，可以防治皲裂，并能防治湿疹，止痒，减轻汗脚的脚臭；用茶水洗头，可以使头发乌黑柔软，光泽美观；用茶水刷眉，可使眉毛变得浓密光亮；用茶水漱口，可以消除口臭，有利于保护牙齿，防治口腔疾病。

茶叶中所含的营养成分甚多，经常饮茶的人，皮肤会更加滋润好看。将红茶和红糖各两汤匙加水煲煎，加面粉调匀敷面，15 分钟后，再用湿毛巾擦净脸部，每日涂敷一次，一个月后即可使容颜滋润白皙。

（八）减轻吸烟的危害

1. 饮茶可减轻吸烟引发癌症的可能性。饮茶对防癌抗癌有明显效果，茶叶中茶多酚的茶素类物质是自由基强抑制剂，也是抗氧化剂。自由基在人体呼吸代谢过程中，消耗氧的同时产生一组有害"垃圾"，对人体来说是一大隐患和"定时炸弹"。茶中的茶多酚能有效地清除自由基和超氧阴离子自由基。因此，吸烟者经常饮茶有助于减少癌症的可能性。

2. 饮茶有助于减轻吸烟引起的辐射污染。每天都要吸 30 支烟的人，一年内其肺部受到香烟所引起的辐射量，相当于皮肤在胸腔 X 光机上透视约 300 次。茶叶中的儿茶素类物质和脂多糖物质可减轻辐射对人体的危害，对阻止放射性物质侵入骨髓有效，也能很好地保护造血功能。临床试验证明，用茶叶片剂对治疗轻度辐射的有效率可达 90%。

3. 饮茶可以补充因吸烟所消耗掉的维生素 C。香烟中的尼古丁被吸入人体后会促进血管收缩的激素分泌量增加，从而影响血液循环，最终使得血压上升。经常吸烟还会加速动脉硬化和使体内维生素 C 含量下降，加速人体衰老。茶叶中含有大量的维生素 C，不仅有强化血管的效果，也有利于补充吸烟造成的维生素 C 的不足，以保持体内产生和清除自由基的动态平衡。

第二节　饮茗养生

中医认为，春夏秋冬四季饮用的茶都应该不相同，就是应该根据各种茶的性味，在不同的季节喝相适应的茶。又因为各种茶叶的营养、药效成分有一定差异，所以不同身体条件的人也应该饮用不同的茶。

红茶能暖胃、醒神，还能帮助消化，在寒冷的冬季饮用甘温的红茶是最适宜的。绿茶性味苦寒，冬天饮用容易造成胃寒，还可能影响食欲。而夏季炎热时，喝绿茶正好可以取其苦寒之性，消暑解热，生津止渴。身体比较虚弱的人，喝点红茶，在茶中添加点糖和奶，既可增加能量又能补充营养。青年人正处发育旺盛期，以喝绿茶为好。妇女经期前后以及更年期，性情烦躁，饮用花茶有疏肝解郁、理气调经的功效。身体肥胖、希望减肥的人，可以多喝些乌龙茶、沱茶等。常年食牛羊肉较多的人，可以多喝些砖茶、饼茶等经过后发酵的紧压茶，有助于脂肪食物的消化。经常接触有毒害物质的工作人员，可以选择绿茶作为劳动保护饮料。脑力劳动者、军人、驾驶员、运动员、歌唱家、广播员、演员等，为了提高脑子的敏捷程度，保持头脑清醒，精神饱满，增强思维能力、判断能力和记忆力，可以饮用高档绿茶，诸如各种名优绿茶之类。如果单从各种茶叶营养成分和药效成分的含量比较而言，高级绿茶优于其他茶类，如维生素 C、维生素 B_1 和维生素 B_2，磷、钾、锌等矿物质，茶多酚等物质，其含量通常都是高级绿茶高于其他茶。因此，从营养保健的角度而言，喝高级绿茶更有利于健康。

一、一天喝多少茶为宜？

饮茶量的多少决定于饮茶习惯、年龄、健康状况、生活环境、风俗等因素。一般健康的成年人，平时又有饮茶习惯的，一日饮茶 12 克左右，分 3～4 次冲泡是适宜的。对于体力劳动量大、消耗多、进食量也大的人，尤其是高温环境、接触毒害物质较多的人，一日饮茶 20 克左右也是适宜的。吃油腻食物较多、烟酒量大的人也可适当增加茶叶用量。孕妇和儿童、神经衰弱者、心动过速者，饮茶量应适当减少。随着功夫茶的流行，人们喝茶"越来越烫了"，这是非常不对的。喝茶本为保健，喝烫茶会增加食道癌等癌症的发病率，得不偿失。饮茶最佳的温度应该是 60℃左右，不要超过 70℃。

二、喝浓茶好不好？

所谓浓茶是指泡茶用量超过常量（一杯茶 3～4 克）的茶汤。浓茶对不少人是不适宜的，如夜间饮浓茶，易引起失眠。心动过速的心脏病、胃溃疡、神经衰弱、身体虚弱胃寒者都不宜饮浓茶，否则会使病症加剧。空腹也不宜喝浓茶，否则常会引起胃部不适，有时甚至产生心悸、恶心等不适症状，发生"茶醉"。出现"茶醉"后，可以吃一两颗糖果，喝点开水来缓解。但浓茶也并非一概不可饮，一定浓度的浓茶有清热解毒、润肺化痰、强心利尿、醒酒消食等功效。因此遇有湿热症和吸烟、饮酒过多的人，浓茶可使其清热解毒、帮助醒酒。吃了肉食过多、油腻过重的食物，浓茶有助消食去腻。口腔发炎、咽喉肿疼的人，饮浓茶有消炎杀菌作用。

三、隔夜茶能喝吗？

过去曾有一种说法，认为隔夜茶喝不得，喝了容易得癌症，理由是认为隔夜茶含有二级胺，可以转变成致癌物亚硝胺。其实这种说法是没有科学根据的，因为二级胺广泛存在于多种食物中，尤以腌腊制品中含量最多。就拿面包来说，通常含有 2 mg/kg 的二级胺，如以面包为主食，每天从面包中食进的二级胺就有 1～1.5 mg。而人们通过饮茶从茶叶中食进的二级胺只有主食面包的 40%，可见是微不足道的。况且，二级胺本身并不是致癌物，必须有硝酸盐存在才能形成亚硝胺并达到一定数量级才有致癌作用。饮茶可以从茶叶中获得较多的茶多酚和维生素 C，它们都能有效地阻止人体内亚硝胺的合成，是亚硝胺的天然抑制剂。因此饮茶或隔夜茶是不会致癌的。

但是，从营养卫生的角度来说,茶汤暴露在空气中，放久了易滋生腐败性微生物，使茶汤发馊变质。另外茶汤放久了，茶多酚、维生素 C 等营养成分易氧化减少，因此，隔夜茶虽无害但一般情况下还是随泡随饮为好。

市场上的罐装茶水饮料，是添加了抗氧化剂并经过严格灭菌而制成的，与其他冷饮料一样，饮用是安全的。

四、一杯茶冲泡几次为宜?

茶类不同耐泡程度不一。人们在日常生活中，常有这样的体会：非常细嫩的高级茶并不耐泡，一般冲泡 2 次也就没什么茶味了，而普通红、绿茶常可冲泡 3～4 次。茶叶的耐泡程度与茶叶嫩度固然有关，但更重要的是决定于加工后茶叶的完整性。

加工越细碎的，越容易使茶汁冲泡出来，越粗老完整的茶叶，茶汁冲泡出来的速度越慢。但无论什么茶，第一次冲泡浸出量都能占可溶物总量的 50%以上,普通茶叶第二次冲泡一般为 30%左右，第三次为 10%左右，第四次只有 1%～3%。从营养的角度来看，茶叶中的维生素 C 和氨基酸，第一次冲泡后，就有 80%被浸出，第二次冲泡后，95%以上都已浸出。其他有效成分如茶多酚、咖啡碱等也都是第一次浸出量最大，经三次冲泡后，基本达到全量浸出。由此可见，一般的红、绿、花茶，冲泡次数通常以三次为度。乌龙茶因冲泡时投茶量大，可以多冲泡几次；以红碎茶为原料加工包装成的袋泡茶，由于易于浸出，通常适宜一次性冲泡。

五、家中有多种茶叶，如何安排饮用?

一天之中，不同时间可饮用不同的茶叶。清晨喝一杯淡淡的高级绿茶，醒脑清心；上午喝一杯茉莉花茶，芬芳怡人，可提高工作效率；午后喝一杯红茶，解困提神；下午工间休息时喝一杯牛奶红茶或喝一杯高级绿茶加点点心、果品，补充营养；晚上可以找几位朋友或家人团聚一起，泡上一壶乌龙茶，边谈心边喝茶，别有一番情趣。

六、为什么有人喜欢用枸杞子、西洋参、白菊花、橘皮、薄荷等加在茶叶中泡茶喝？

用枸杞子泡茶，有滋补抗衰老的作用。《本草经疏》中对枸杞子之功效作过较全面的论述："枸杞子，润而滋补，兼能退热，而专于补肾、润肺、生津、益气，为肝肾真阴不足、劳乏内热补益之要药。老人阴虚十之七八，故服食家为益精明目之上品。"枸杞子泡茶喝，不但对肝肾阴虚所致的头晕目眩、视力减退、腰膝酸软、遗精等有疗效，而且对高血脂、高血压、动脉硬化、糖尿病等也有一定的疗效。

用西洋参片泡茶喝，可以利用西洋参味甘辛凉的性质，调整茶味，而且西洋参补阴虚效果甚佳。西洋参茶常有良好的益肺养胃、滋阴津、清虚火、去低热的功效。

用白菊花泡茶喝，可发挥白菊花平肝潜阳、疏风清热、凉血明目的功效，而且白菊花清香味甘，泡茶喝可增进茶汤香味，适口性好。

用橘皮泡茶喝，可以利用橘皮宽中理气、消痰止咳的功效，橘皮泡绿茶，可去热解痰、抗菌消炎，故咳嗽多痰者饮之有益。

用薄荷泡茶喝，可以利用薄荷中薄荷醇、薄荷酮的疏风清热作用，而且泡茶喝之有清凉感，是清热利尿的良药。

七、经常接触射线者多喝茶有什么好处？

如果你是一位放射科医师，或是一位接受放射治疗的病人和经常接触射线的科研工作者，因一定剂量射线对人体是有危害的，常会引起血液白细胞减少，免疫力下降。科学研究表明，茶叶中的茶多酚等成分都能增强人体的非特异性免疫功能，升高血液中的白细胞数量。因此，饮茶是一种理想而简便的抗辐射损伤的方法，经常接触射线的工作者和病患者，接触前后多饮些绿茶肯定是有益的。看电视，虽然辐射量是极微的，但从预防为主的角度来说，看电视的同时喝杯茶肯定也是有好处的。

八、如何用茶止痢？

茶叶中的茶多酚类物质对多种病菌有杀灭或抑制的功效，因此可以用茶叶来治疗细菌性痢疾。做法是先将绿茶研成粉末，将 3 克茶叶末用温茶水送服后，继续饮用些茶水，一日三次，以获得较好的疗效。

九、能用茶水服药吗？

能否用茶水服药，不能一概而论。在多数情况下不主张用茶水服药，尤其是某些含铁剂（硫酸、亚铁、碳酸亚铁、枸橼酸铁胺等）、含铝剂（如氢氧化铝等）、酶制剂（如蛋白酶、淀粉酶）等西药遇到茶汤中多酚类物质会产生结合沉淀，影响药效。有些中草药如麻黄、黄连、钩藤等一般也不宜与茶水混饮。另外，茶叶中含有咖啡碱，具有兴奋作用，因此，服用镇静、催眠、镇咳类药物时，也不宜用茶水送服，避免药性冲突，降低药效。一般认为，服药后 2 小时内不宜饮茶。

然而，服用维生素类药物、兴奋剂、利尿剂、降血脂、降血糖、升白类药物时，一般可以用茶水送服。例如服用维生素 C 后饮茶，茶叶中的儿茶素可以有助于维生素 C 在人体内的吸收和积累；茶叶本身具有兴奋、利尿、降血脂、降血糖、升白等功效，服用这类药物时，茶水有增效作用。

十、喝什么茶更能减肥？

就纯茶而言，一般经验认为，喝乌龙茶、沱茶、普洱茶和砖茶等紧压茶更有利于降脂减肥。至于保健茶，目前市场上供应的多种减肥茶，都是以茶叶为基础配以决明子、山楂、荷叶等多种中草药，包装成袋泡茶。饮用方便，疗效因人而异，各有一定的适应证。

十一、为什么糖尿病患者宜多饮茶？

糖尿病患者的病征是血糖高，口干口渴，乏力。实验表明，饮茶可以有效地降低血糖，且有止渴、增强体力的功效。糖尿病患者一般宜饮绿茶，饮茶量可稍增多一些，一日内可数次泡饮，使茶叶的有效成分在体内保持足够的浓度。饮茶的同时，可以吃些南瓜食品，这样有增效作用。一个月为一疗程，通常可以取得很好的疗效。

十二、心脏病、高血压患者如何饮茶?

对于心动过速的病患者以及心、肾功能减退的病人，一般不宜喝浓茶，只能饮用些淡茶，一次饮用的茶水量也不宜过多，以免加重心脏和肾脏的负担。对于心动过缓的心脏病患者和动脉粥样硬化和高血压初起的病人，可以经常饮用些高档绿茶，这对促进血液循环、降低胆固醇、增加毛细血管弹性、增强血液抗凝性都有一定好处的。

十三、胃病患者如何饮茶?

胃病的种类很多，最常见的有浅表性胃炎、萎缩性胃炎、胃溃疡、胃出血等。胃病患者服药时一般不宜饮茶，服药 2 小时后，饮用些淡茶、糖红茶、牛乳红茶，有助于消炎和胃黏膜的保护，

对溃疡也有一定疗效。饮茶还可以阻断体内亚硝基化合物的合成，防治癌前病变。

十四、吃过盐渍蔬菜和腌腊肉制品为什么要多喝茶?

盐渍蔬菜如泡菜、腌咸菜，腌腊肉制品如腌肉、腊肉、火腿、腊肠等，常含有较多的硝酸盐。食物在有二级胺同时存在的情况下，硝酸盐和二级胺可以发生化学反应而产生亚硝胺，亚硝胺是一种危险的致癌物质，极易引起细胞突变而致癌。茶叶中的儿茶素类物质，具有阻断亚硝胺合成的作用，因此食用了盐渍蔬菜和腌腊肉制品以后，应多饮些儿茶素含量较高的高级绿茶，可以抑制致癌物的形成，而且能增强免疫功能，有益于健康。

十五、喝茶会不会影响牙齿的洁白?

喝茶尤其是长期喝浓茶，茶叶中的多酚类氧化物附着于牙齿表面，如果不刷牙，确实会使牙齿逐步变黄，就像茶壶、茶杯长期不清洗结有一层"茶锈"一样，如果喝浓茶且有吸烟习惯，就会加剧牙齿的黄化，这是值得重视的问题。然而，一般饮茶者，只要不抽烟，注意早晚两次刷牙，而且经常适当吃些水果等食物，牙齿绝不会变黄。

十六、茶垢中含致癌物质吗？

茶垢中含有镉、铅、汞、砷等有毒物质以及亚硝酸盐等致癌物，这些物质会附着在光滑的茶杯表面，随着饮茶进入身体，进入人们的消化系统，与食物中的蛋白质、脂肪酸、维生素等相结合，生成难溶的沉淀，不仅阻碍了人体对这些营养素的吸收和消化，还会使肠胃等器官受到损害。另外，经常不清洗的茶杯，还留有更多水垢，其

中也含有大量的重金属，对健康极为不利。同时，这些氧化物进入身体还会引起神经、消化、泌尿、造血系统病变和功能紊乱，甚至引起早衰，尤其是砷、镉可致癌，引起胎儿畸形，危害健康。因此，如果喜欢喝茶，别忘了把茶杯洗干净后再喝。

十七、儿童能否饮茶？

一般家长都不敢给儿童饮茶，认为茶的刺激性大，怕伤害孩子脾胃。其实只要合理饮茶，茶水对儿童的健康成长同样有益。因为茶叶可以帮助消化吸收，促进身体发育生长，茶叶中的氟可以防龋齿等。儿童喜动，注意力较难集中，

但若适量饮茶，可调节神经系统，茶叶还有利尿、杀菌、消炎等多种作用。儿童合理饮茶的一般要求是：每日饮量不超过 2～3 杯（每杯茶叶用量为 0.5～2 克），尽量在白天饮用，茶汤要偏淡并温饮。儿童饮茶最需注意的是：儿童不宜喝浓茶，以避免孩子过度兴奋，小便次数增多和引起失眠。茶叶浓度太高时，茶多酚含量太多，易与食物中的铁发生作用，不利于铁的吸收，易引起儿童缺铁性贫血。另外，泡茶时间不能太久，以免因茶中的鞣酸浸出太多，与食物中的蛋白质结合而沉淀，从而影响消化吸收，使食欲降低。总之，儿童饮茶应注意浓度和饮茶时间，晚上临睡前不要饮茶。

十八、孕妇能否饮茶？

孕妇可以适量饮茶，但应注意清淡而不浓稠，切忌浓茶。因为茶叶中的咖啡碱不仅会被孕妇吸收，也会被胎儿吸收，对胎儿造成过分刺激，对胎儿生长发育不利。而且咖啡碱还会加快孕妇的心跳和排尿，从而增加心、肾负担，易引起心悸、失眠，导致体质下降。因此，孕妇少饮茶为好。

十九、老年人喝茶应注意什么？

老年人适量饮茶有益于健康，但要因人而异。老年人随年龄增长，消化系统和各种消化酶分泌减少，消化功能减退，如果大量饮茶，会稀释胃液，影响消化吸收，使胃肠道杀菌防卫功能降低，易感染胃肠道疾病。由于老人体质呈进行性下降，对茶叶中的咖啡碱的耐受力也在下降，所以应特别注意饮茶时间和茶水浓度。一般早上起来后胃中空空不宜饮，晚上不宜饮，以喝白开水为宜。

老年人饮茶过量过浓，会出现失眠、耳鸣、眼花、心律不齐、大量排尿等症状。有心脏病的老人饮茶多会使血容量增加，加重心脏负担，所以宜温宜清淡。老年人如常饮浓茶，茶鞣酸与食物中的蛋白质结合，形成块状的难以消化吸收的蛋白质，会加重便秘。老年人肾功能衰退，如饮茶多且浓，咖啡碱的利尿作用会加重肾脏负担及尿失禁症状，给老人带来更大痛苦。

二十、发烧时多喝茶水对降温有益吗？

发烧时喝茶害处较大，因为茶碱有兴奋中枢神经、加强血液循环及使心跳加速的作用，相应地也会使血压升高，体温也会更高。另外鞣酸有收敛作用，会直接影响汗液的排出，妨碍正常排热。热量得不到应有的发散，体温自然不容易降下来，故发烧病人不宜饮茶。

二十一、茶也能喝"醉"吗？

不常喝茶的人，或空腹喝茶太多太浓的人，容易出现"茶醉"。症状为：失眠、心悸、头痛、眼花、心烦、四肢无力、肠胃不舒服等。主要是茶汤阻止胃液分泌，妨碍消化，引起系统紊乱。这时，只要口含糖果或喝些糖水，便可缓解，吃点稀饭效果更好。

二十二、为什么吃海鲜和钙片时不宜饮茶？

海鲜中含钙成分较多，而茶叶有机酸中的草酸根和钙离子结合，容易导致肾结石，所以吃海鲜时饮茶不可不慎。

二十三、保温杯泡茶好吗？

这是不科学的。保温杯因其保温效果，茶汤温度一直很高，从而使茶叶中的多种维生素和芳香油挥发损失，而且高温也会使茶多酚和单宁浸出过多，致使汤色浓味苦，并有闷沤味。

二十四、饭后马上饮茶解油腻对吗？

这是不可取的。当食物进入胃里时，消化的第一步就是分泌大量胃酸，主要成分是盐酸，如果饭后立即饮茶，会稀释胃酸浓度，影响酶原活化，使胃内食物未充分消化就由胃的贲门排入十二指肠。这样既增加胃的负担，又影响十二指肠对食物营养的吸收，久而久之，就会引起肠胃等消化道疾病，同时也影响肠胃对铁元素的吸收，所以最好在饭后一小时左右饮茶。

第三节　饮茗美容

现代医学研究证实，茶叶中含有丰富的营养物质和药理功能，如茶碱、儿茶素、氨基酸、脂多糖、矿物质及维生素等，尤其是维生素的含量较多。有人测定，100 克绿茶中维生素 C 含量高达 180 毫克，比白菜高出 7 倍，比香蕉高 10 倍；维生素 B_1 含量比苹果高 6 倍；维生素 A 含量比鸡蛋高 2 倍。

可见，茶叶是一种富含维生素的美容佳品。

茶叶中的儿茶素，是天然抗氧化剂，能提高超氧化歧化酶活性，有利于机体对自由基脂质过氧化物的清除，有抗衰老的作用。有关研究发现，儿茶素的抗衰老作用比维生素 C 和维生素 E 还高，特别在增强机体的各种病菌的抵抗力和免疫力方面更显得突出。因此，经常饮茶可减少生病，延缓衰老，使人青春久驻。

茶叶含有丰富的化学成分，是天然的健美饮料，经常饮用一些茶水，有助于保持皮肤光洁白嫩，推迟面部皱纹的出现和减少皱纹。

茶叶还可用于茶浴美容和洗发美容。茶浴美容是在浴盆中冲泡些茶叶水，浴后全身会散发出茶叶的清香，给人以美的享受，而且经过茶浴浸泡以后，皮肤会变得光滑细嫩。用茶叶水洗头发，可促进头发生长和血液循环，能使头发健康美丽。

假如你的眼睛因用眼过多而疲劳，可用棉花蘸冷茶水清洗眼睛，几分钟后，喷上冷水，再拍干，有助于消除疲劳。

女人如茶，茶亦能滋润女人，女人与茶之间有着千丝万缕的联系。宋代大文学家苏东坡的一句诗道出了女人与茶之间的关系——"从来佳茗似佳人"；卢仝《走笔谢孟谏议寄新茶》的第五碗——"五碗肌肤清"，也早就认识到了茶对女人肌肤的功效。如今的女人，更是有了一部新"茶经"，那就是茶叶美容。

一、美容养颜攻略一：六种茶喝出嫩滑肌肤

（一）玫瑰蜂蜜茶

材料：玫瑰花、红茶、蜂蜜一大勺、柠檬片一小片、白水。

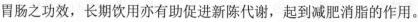

功效：性质平和、降火气，可调理血气，促进血液循环，养颜美容，且有排除疲惫、愈合伤口、保护肝脏胃肠之功效，长期饮用亦有助促进新陈代谢，起到减肥消脂的作用。

（二）薏仁茶

材料：炒薏仁 10 克、鲜荷叶 5 克、山楂 5 克。用热水煮开即可。

功效：淡化黑斑，美白肌肤。

（三）银杞护肤茶

材料：银耳3钱（浸泡）、枸杞子5钱、冰糖适量。将银耳放入锅内，加水适量，煮熟，加入冰糖、枸杞子，煮沸即成。

功效：滋润肌肤，补充肌肤所必需的水分，同时改善肌肤暗沉肤质，增加光泽。

（四）玫瑰护肤茶

材料：将玫瑰花5到6朵放入杯中，加入沸水冲泡饮用。

功效：玫瑰花能凉血、养颜，有助改善干燥的皮肤；玫瑰花还有助消化、消脂肪之功效，因而可减肥，饭后饮用效果最好。

（五）绿豆菊花茶

材料：菊花10克、绿豆沙30克、柠檬10克、蜂蜜少许。将菊花放进水中煮沸，将榨汁的柠檬和绿豆沙的汁注进菊花水中搅拌，放进少量蜂蜜即可饮用。

功效：排毒养颜，平整脸上粗孔使肌肤光洁，是治理痘痘的妙方。

（六）山楂护肤茶

材料：生地4钱、积雪草5钱、山楂5钱、片糖适量。将上述药品共切碎捣研成粗末状，混匀，加水煎后略加片糖少许，代茶饮用。

功效：清热凉血，滋养肌肤。

二、美容养颜攻略二：早晚两杯茶延缓女性衰老

（一）上午喝绿茶

此茶可以开胃、醒神。绿茶含有儿茶素与β-胡萝卜素、维生素C、维生素E等。多项实验证明，绿茶能清除自由基、延缓衰老、预防癌症。常喝绿茶可以防止细胞基因突变、抑制恶性肿瘤生长，降血脂、降血压，防止心血管疾病，还可以预防感冒、龋齿及消除口臭等。

（二）下午泡饮枸杞子

此茶可以改善体质、有利安眠。枸杞子性平、味甘，具有补肾益精、滋阴补血、养肝明目、润肺止咳的功效，很多保健养生的药物中都含有枸杞子。枸杞子含有氨基酸、生物碱、甜菜碱、酸浆红素及多种维生素，还含有多种亚油酸。

绿茶和枸杞子都可以用开水冲泡饮用，对人体很有益处，但不能放在一起冲泡，因为绿茶里所含的大量鞣酸具有收敛吸附的作用，会吸附枸杞子中的微量元素，生成人体难以吸收的物质。餐馆里流行的八宝茶中也是既有绿茶又有枸杞子，虽然绿茶的量比较少，但也不宜多喝。

第四节　清茗入馔

将茶做成佳肴美食入馔，并非一时的心血来潮，自古以来中国就有"茶食"的说法。郭璞《尔雅注》说："冬生叶，可煮作羹饮。"《晋书》也记载吴人采茶煮食的历史，他们称之为"茗粥"。茶与美食，从来是不可分割的！茶和中国菜肴优雅、和谐地搭配在一起，就是独具特色的茶料理。

上古时代，茶是作为药用的，而药物又与食物不可分割。《吕氏春秋》中的《内经·素问·脏气法时论》这样说道，"五谷为养，五果为助，五畜为益，五菜为充，气味合而服之，以补益气"，说明药食同源。历史上，我国民间也素有"药补不如食补"之说。所以说，用茶掺食作为菜肴、食品和膳食，自古就有。

据唐《茶赋》载，茶"滋饭蔬之精素，攻肉食之膻腻"。可见，古人常有用茶水拌饭的饮食经验，清代才子纪晓岚更是每天将茶当作蔬菜食用。这样吃着喝着，就有厨子想到要将茶叶做入菜中。相传，清末安徽的厨师就已用"雀舌""鹰爪"等茶叶去炒河虾仁了。美食家高阳在《古今食事》里也曾提及："翁同龢创制了一道龙井虾仁，即西湖龙井茶叶炒虾仁，真堪与蓬房鱼匹配。"由此，清朝时期，龙井已经入菜。

茶叶富有色、香、味、形四大特点，能饮用，能调和滋味，可增加色彩，又具有药理成分，所以茶叶菜肴一般都具有双重功效，既可增进食欲、解除饥饿，又能防治某些疾病和增强人体健康。

茶叶入菜的方式一般有四种：将新鲜茶叶与菜肴一起烤制或炒制，是为茶菜；在茶汤里加入菜肴一起炖或焖，是为茶汤；将茶叶磨成粉撒入菜肴或制成点心，是为茶粉；用茶叶的香气熏制食品，是为茶熏。

茶水蒸饭

如果从做菜的效果来看，不同的茶有不同的茶菜做法。红茶、绿茶、普洱茶、乌龙茶的效果相对好一些，如铁观音冲泡之后散发出浓郁的兰香，茶性清淡，适合泡出茶汤做饺子；而灼虾、蒸鱼适宜用绿茶汤；普洱茶适合做卤水汁；碧螺春适合将茶叶捣碎后混合一起做羹汤，还有茶水蒸饭，等等。

以茶做菜很讲究手法。要做茶食先得熟悉每种茶的特性，若茶叶或茶汤用多了，菜会变苦涩，茶叶或茶汤用少了，又显不出茶香味。另外，葱、姜、蒜、五香此类重味佐料尽量少放，也不要过分夸张，这才合乎茶的本性和健康的要求。

太极碧螺春

烹调方式不同，搭配的茶叶也有不同。如果从烹调效果来看，寒凉的海鲜就用同是凉性的绿茶烹调，比如龙井虾仁；温性的乌龙茶与温性的鸡、鸭肉配合，比如川菜樟茶鸭；牛肉是热性的，它的好搭档自然是同属热性的红茶。蔬菜中比较脆、爽的一部分梗类原料可以制作茶叶菜，选用的茶叶以香味充足的红茶为优，而且大多用来制作凉菜。但要注意，茶叶不宜与豆腐一起做成菜肴。

明白了茶叶的茶性和菜肴的食性，那么如何搭配，也就一切随心所欲了。以茶做菜，适合与本身含有天然油脂及腥味的食物搭配，例如鱼类、肉类中富含的脂肪、蛋白质可以减低茶叶的苦涩感，而茶又能去除食物的腥味，其清香、甘醇更能美化食物，改善口感，成为一道色、香、味俱全的茶肴。

《本草拾遗》曾曰"诸药为百病之药，茶为万病之药"，用茶叶做的菜清淡、爽口，不仅可以增进食欲，同时，又具有降火、提神、去油腻、防疾病的功效，有益人体健康。

清茗入馔的特点在于利用茶特有的清香调味除腻，还可以通过茶中丰富的营养物质，增强菜肴的营养价值和药用功能。茶性清淡，远腥膻，避荤腻，同时又不会喧宾夺主。要做茶食须熟悉每种茶的特点，茶叶做菜时须"速战速决"，因为过久的烧煮不仅会使茶叶变黑难看，而且所含维生素也会被破坏，所以烧煮一般不超过 5 分钟。

一、特色茶菜

（一）绿茶清新淡雅

绿茶是一种非发酵茶，因其叶片及茶汤呈绿色而得名。绿茶茶叶嫩而香、口感好，适合烹制清新淡雅的菜肴，如龙井虾仁、绿茶肉末豆腐等，不仅能发挥出食物原本的味道，还能为菜肴增添茶的香气。

绿茶肉末豆腐：肉末 100 克加调料后拌匀，香菇、笋适量切成丁，一起炒熟，晾凉后平铺在 400 克熟豆腐上，绿茶 3 克研成末撒于豆腐表面即成。此菜滋味爽口，且营养丰富。

龙井鲜虾饺：橙红间白的虾仁馅料，在绿油油、均匀透亮的饺子皮呵护下，像龙井茶一样显得更加娇嫩，而且口感爽滑、鲜甜，淡淡的龙井清香缠绕在口腔中。此菜原料简洁，鲜虾仁、薯

粉、龙井茶粉末而已。制作时把龙井粉末加入薯粉中搅拌均匀，用水和，擀成饺子皮，上馅放入蒸笼，蒸熟即可。

（二）红茶祛腥养胃

红茶是一种全发酵茶，因其口感苦涩，所以做菜一般只取茶汤。红茶适用于口味重、色泽重的菜肴，可以去腥解腻，还具有一定的养胃作用。可用红茶烹调的菜肴有红茶蒸鳜鱼、红茶烧肉、红茶鸡丁、红茶牛肉等。

　　红茶蒸鳜鱼：将一条约 500 克的活鳜鱼宰杀洗净，用 2 根筷子担起放在鱼盘里，撒入盐、胡椒粉、料酒、葱姜适量，红茶 5 克，上锅蒸熟取出，挑去葱姜、茶叶，倒入红茶卤 100 克，洒上葱丝、姜丝、香菜适量，再用锅烧热油浇在上面即可。此菜鳜鱼色泽红亮，茶香味浓，肉质细嫩，入口鲜美。

　　（三）花茶宜配海鲜

　　花茶属浓香型茶，其茶味醇厚，香气浓烈，汤汁黄绿，鲜味持久，故适合用于烹调海、河鲜类原料，如花茶鱿鱼卷、茉莉花茶蒸鱼、花茶海鲜羹等。

　　茉莉花茶鱿鱼卷：选优质鱿鱼 400 克，茉莉花茶 7 克，料酒 15 克，精盐 4.5 克，淀粉、蒜泥、葱、姜适量；将鱿鱼用水发好后切成麦穗形花刀，放入开水锅中氽烫卷拢，捞出沥干；将茉莉花茶用开水泡开，滗去茶水，再用开水泡第二次，待泡出茶香味时去掉茶叶，取第二泡的茶汁加料酒、精盐、淀粉调成芡汁；用旺火将素油烧至七八成热，下鱿鱼卷急爆后捞出沥油；原锅中留余油少许，放入适量蒜泥、葱和姜片煸出香味，取出葱、姜片，放入鱿鱼卷，随即倒入芡汁，颠炒几下，撒上几朵茉莉花，出锅装盘即成。此茶肴造型美观，滑、嫩、鲜，且有幽雅的茉莉茶香。

　　（四）乌龙茶健胃消食

　　乌龙茶是一种半发酵茶，其香气浓烈持久，汤色金黄，甘醇爽口，且具有健胃消食的作用，适合用于油腻味浓的菜肴，如铁观音肉片汤、乌龙蒸猪肘、铁观音炖鸡等。

　　铁观音肉片汤：将 50 克猪腿肉切成薄片，加适量绍酒、细盐、味精、胡椒粉、蛋清和干淀粉搅匀，置半小时待用；另将铁观音茶 15 克用沸水冲泡，沥去水分，再用开水 100 毫升冲泡；榨菜 10 克切丝；肉片下开水锅氽熟捞出待用；最后在 100 毫升鲜汤中加入适量调料、茶汁及茶叶，煮沸后加入榨菜丝，再倒入肉片即可。此菜肉嫩汤鲜，油而不腻。

二、家常茶食

茶叶面条：取上等茶叶 100 克，加沸水 500～600 克泡成浓茶水，以此茶汁和面擀成的面条，下锅不糊，而且极度清鲜爽口，若制作凉面，味道更佳。

茶叶馒头：取新茶 100 克，加沸水 500 克，泡制成浓茶汁放凉至 20℃至 30℃，加鲜酵母发面，蒸制馒头，色如秋子梨，味道清香。

茶叶米饭：将茶叶 0.5～0.7 克，用 500～1000 毫升开水浸泡 4～9 分钟后，用干净纱布过滤，滤液备用(不可放置时间过长，以防变质)，将米淘净后，加入蒸熟即可，煮出的米饭香而不腻，洁口、化食。

茶叶鸡蛋：茶叶 80 克，加适量水，煮鸡蛋 0.5 千克，鸡蛋煮至七八成熟时取出，磕破壳，再投入原汁中浸泡 2～3 小时，可使鸡蛋清香爽口。

茶叶冰淇淋：在过滤后的茶汁中加入鸡蛋、奶粉、稳定剂和砂糖，经巴氏灭菌、冷却、老化，再经凝冻成形，硬化而成茶叶冰淇淋，不仅可消暑解渴，而且色泽翠绿，感觉清鲜，并具丰富营养和保健功能。

茶叶鸡汤：做鸡汤时，放入一小撮茶叶（用纱布包扎）或者待鸡汤做好后兑入大半杯极度浓茶汁，鸡汤会更清香扑鼻。

茶叶啤酒：饮啤酒时，往酒中兑入接近 1/3 的冷茶水，味醇至极，微苦中蕴含舒爽。

【茶博士】

每日茶谱

长时间面对电脑不利于眼睛的健康，有关专家建议：每天喝"四杯茶"，不仅可以减少辐射的侵害，还有益于保护眼睛。

上午喝一杯绿茶。绿茶中含强效的抗氧化剂以及维生素 C，不但可以清除体内的自由基，还能分泌出对抗紧张压力的荷尔蒙。绿茶中所含的少量咖啡因可以刺激中枢神经，提振精神。不过最好在白天饮用，以免影响睡眠。

下午喝一杯菊花茶。菊花有明目清肝的作用，不少人将菊花和枸杞子一起泡水来喝，或者用蜂蜜加菊花茶，都对"解郁"有帮助。

疲劳时喝一杯枸杞茶。枸杞子含有丰富的 β 胡萝卜素，维生素 B_1、维生素 C、钙、铁，具有补肝、益肾、明目的作用。枸杞子本身具有甜味，可以泡茶也可以像葡萄干一样作零食，对消除"电脑族"眼睛干涩、疲劳有一定的作用。

晚间喝一杯决明茶。决明子有清热、明目、补脑髓、镇肝气、益筋骨的作用，晚餐后饮用，对于治疗便秘很有效果。

【故乡的茶】

威海茶

威海绿茶，因产自山东半岛威海而得名，由于纬度高，昼夜温差大，生态条件独特，茶叶的休眠期长，生长缓慢，因而茶叶的叶片肥大，有利于氮素代谢和蛋白质、氨基酸等物质的合成积累，加工出的绿茶与其他地区生产的茶叶相比，具有耐冲泡、香气清高、滋味鲜爽、杀口力强的特点。

2009 年 1 月，威海绿茶地方标准经山东省质监部门批准发布，标志着威海绿茶产业标准化进程发展到一个新阶段。威海绿茶地方标准由威海市技术监督信息研究所起草，该标准除规定了威海绿茶的地理范围、术语和定义、分类、试验方法、检验规则之外，还对威海绿茶的标志、标签、包装、运输、贮存等内容提出了具体要求。并将威海绿茶定义为：在威海市特定自然环境条件下，选用优质茶树的鲜叶，按绿茶加工工艺制作而成，具有香气高、滋味浓、耐冲泡等品质特征的茶叶。

威海绿茶地方标准的发布实施，标志着山东省又一个北方绿茶品种的崛起。该标准不仅是对原产地域产品采取的一项保护措施，还有利于推动山东茶叶产业的快速发展。

威海绿茶的产地主要集中在乳山的乳山银滩、乳山寨、大孤山、南黄镇。

【茶语人生】

说绿茶

张抗抗

绿茶原本清淡，越是好的绿茶，三道清水流过，杯里的茶水已是"六宫粉黛无颜色"，只留下碧绿的叶片，犹如池底青草，若无其事地在水中悠然荡漾。故而有北方来客，假若端上一杯绿茶，客人猛喝一口咕咚咽下，话噎在嗓中，那表情是写在脸上的：这茶，没味儿！还有另一种表情：这茶，好苦！

绿茶在北方，一向有点不受待见。北人口重，喜食味浓色香之物；北地天寒，偏爱滚烫热烈之饮；北方地冻，养不了这青翠娇嫩的茶树。所以北方人多一半是喝花茶的，茉莉香片，大众又经济的饮品，老少咸宜的，滚烫的水冲下去，经得起沏泡，不怕变色。茶色深浓醇厚，给人沉稳的依赖感；深褐色浅褐色的水面上，偶尔漂起一朵半朵白色的茉莉花，有点俏皮的样子；一掀壶盖，香气四溢，掩都掩不住，其实不是茶香，是茉莉香。在隆冬的冷风中，飘来夏的茉莉味儿，虽有些俗艳，毕竟是亲切而温暖的。

北方人沏茶，多将茶叶置于茶壶之中，沏好之后，再一杯杯分别倒在小杯子里，（就像斟酒）分而饮之。那茶叶可反复沏泡，可谓经久耐用。茶叶始终沉于壶中，比较隐蔽，不大看得见好坏。不像南方人泡茶，必定是一杯一撮茶叶，一人独占一杯。常常是来客只喝了一口，人刚走茶未凉，整杯茶就连着茶叶一并倒掉了。在北方人看来，如此沏茶实在是太奢侈也太浪费了。而在南方人看来，北方人那样泡茶，也真是小气得过分。

一次有一位很久不见的好友来家看我，我特为其沏泡绿茶一杯，以示隆重接待。他第二天有气无力给我打电话说：昨天你给我喝的啥玩意儿，害我一宿没睡着觉。这才想起自己忘了来客是东北人，他当时一定是碍于情面，才将那杯绿茶勉强喝下的。

然而我在北方多年，除非万般无奈（极渴），仍是坚决拒喝花茶的。说起来祖籍广东，本应喜喝乌龙一类红茶，却是无福消受欣赏不了——在这点上，我与那位东北友人有异曲同工之疾：喝一口红茶，害我一宿睡不着觉。

在北方，至今我仍只喝绿茶。

绿茶自然首选家乡杭州的西湖龙井，（千万别是假冒伪劣产品）。绿茶那种含而不露的品性，如一来自庭院深深的妙龄少女，衣料与皮肤都如丝绸般爽滑细润，回眸一笑，轻盈无声，言语洒落池塘中，韵味留在清风里；可闻香而不见粉黛，可意会而不可言传。茶色碧绿，似玉液琼浆，养眼养心，令人不忍品尝。
轻啜慢喷，舌上粒粒绿珠滚动，初始略有一丝苦涩，继而满口清香；茶未凉，嘴里已是甜丝丝清凉凉，满腹欲说还休的惬意与顺畅。

绿茶之妙，妙在清淡。

清淡中悄然渗出含蓄的魅力，从不张扬的那种自信，如江南人的勤勉与聪慧。

我对龙井的偏爱也许源自少年时代。杭一中的初一年级那个春天，曾全班集体去梅家坞采茶半个月。湿漉漉的青山绿水，漫山遍野都是绿油油的茶园。无数娇嫩的叶芽，从蓬勃的茶树上一片片翘首探头，用一双双小手轻轻采摘下来，小心地置于竹篓中，拇指与食指都被茶叶染得绿了。细雨蒙蒙中采茶归来，全身的衣裤都沾着茶叶的香气。至今记得，下山收工过秤时，我一个上午采摘的茶叶，共计二两之多。若是等到烘干炒毕，大概只够泡上几杯茶吧。可见春茶之矜贵。那半月采茶劳动结束后回到城里，晚上睡觉时眼前仍是无边的绿色，满山满眼的茶叶，在脑中如大海的波涛起伏，眩晕几日不止。还有一次全班到郊外春游，路遇茶农忙于采茶，大家一时兴起，放弃春游跃入茶园去帮茶农采茶，后来写过一篇作文《采茶》，记述的就是这天的心情。

能不思绿茶？

如今杭州城里茶楼林立，茶馆兴盛，多半是将喝茶作为社交聚会的场所。如"青藤"三层大茶楼日日夜夜座无虚席，小吃点心干果水果一应俱全，喝茶喝得轰轰烈烈情景颇为壮观。要论茶屋的文化品位，字画古董，环境古雅幽静，当数西湖大道别具风格的"和茶馆"。若是去龙井、虎跑的茶室，喝茶为的是泉水；若是选择湖滨的"湖畔居"，为的是湖光山色；"湖畔居"的位置，至今杭州所有茶楼难以替代——那时刻茶客犹如漂于船上，整个西湖都在窗外荡漾，碧波粼粼，恍惚间竟觉得杯中的绿茶，只是从一湖清水中随意舀了一瓢来饮。到了金秋桂花节，满觉垅、植物园，一棵桂树一张茶桌，桂林丛丛，茶桌济济，桂花的醇香与清茶随风交融，几粒金黄的桂花无声落入杯中，绿水浮金，绿绸缀金，那是桂树与茶树热恋的季节。遗憾的是桂花节如今越来越商业气息，水漫"金山"时，绿茶已被淹没。

近年来，我每次去杭州探家，倒是常与家人友人去龙井一带的山里，在农家庭院里喝茶农自留的好茶，不会有茶室茶座里呼朋唤友、麻将扑克的骚扰之声，确是清静又悠闲的去处。还有像孤山"一片云"等茶室，客人可自带茶叶，茶室提供开水，任由茶客随意一坐半日，独享青山，也自成一道风景。杭州人喝茶是平常而普遍的大众文化，绝非文人雅士的矫情。绿茶文化属于江南，那延绵几千年的茶汁，早已渗透在吴越后人的骨髓之中了。

这些年来，杭州周边地区，几种绿茶新品牌声名鹊起：千岛湖的雪水云绿、浙江龙井、余杭径山茶、衢州龙顶，等等，都是先后品尝过的。其形其色其味其香，自是各有千秋。雪水云绿那名字何等美雅，给人诗意的想象，茶色如其名，茶质温柔细腻，很得杭州人喜爱。径山茶叶片细长、色泽略深，茶味较之其他绿茶醇浓，茶香也极其收敛。沉稳茶在杯莲叶托浮于水上，似有一种禅宗定力，别有一番洗心内涵。径山茶产自余杭当年香烛盛旺的寺院佛地，属珍稀之物。说到衢州龙顶、羊岩勾青、安吉白片等后起之秀，经过历年修炼，其中的优质极品，论色香味之优雅，甚至可与西湖龙井比美，至少并不逊色的。

众多绿茶品牌之中，我还有些偏爱太湖地域的碧螺春，单是那名字就起得形神兼具，细嫩的叶片微微卷曲，如塘边池畔一只只娇小的青壳田螺，报来春的气息。掀开杯盖，一汪绿水上浮一层细细绒毛，如涟漪一般荡漾开去。但若将碧螺春茶与西湖龙井相比，前者的香气有几分张扬，带些诱惑的意思在里头；而龙井的茶香，却是清幽得不动声色。

至今还记得 70 年代曾去安徽黄山茶林场采访上海知青，步行几十里至深山连队，四下已是云雾缭绕苍茫如海。偶得云开雾散，只见级级梯田，层层茶园，从脚下一直升上天空，犹如一架架绿色的天梯，通往九霄云外。正是采茶时节，路边房跟处处是摊开晾晒的新鲜茶叶，那两叶一芽精致标准得像是流水线上的产品，绿得发亮，嫩得叫人心疼；在我的记忆中，那些刚刚采摘下来的茶叶，就像无数扇着绿色翅膀的小蜻蜓，在山脊上等待着穿透雾气的阳光，晾晒它们被打湿的羽翼，然后成群结队地飞往各个城市的茶庄……

那一次，就在简陋的知青连队宿舍歇脚时，有个长着娃娃脸的男孩儿，用他们刚刚炒制完成的茶叶和烧开的山泉水，为我沏了一杯绿茶。那是一只特大号的搪瓷杯，几乎有半截热水瓶那么大，他信手抓了满满一大把茶叶，好像天下的茶叶都在他手心里，茶叶散落时，发出一种千金散尽还复来的豪迈与慷慨的声响；泉水更是应有尽有的，好似开闸的河流一般，汹涌而迅速地拥抱着杯中碧绿的茶叶，是润物细无声的那种默契。滚烫的泉水在杯沿冒出袅袅的热气，犹如浓密的云雾将茶园覆盖了。待我将满满一杯几乎重得端不动的绿茶举到嘴边，只觉得自己像是站在一口绿色的深潭边缘，快乐得差一点就掉落到那池碧波里去了。

那一天我从未有过那样贪婪地喝茶，酣畅淋漓、痛快淋漓。我把那满满一

杯绿茶都喝干了。谢过茶主起身赶路，我怀疑自己的心肝都已经变成了绿色。

那是我一生中喝过的，真正无污染、最纯净的高山云雾茶。

能不爱绿茶？

从此，喝茶成为我生活中不可缺少、时时被惦记、牵挂的一种习惯。

每日工作之始，端一杯绿茶走进书房，心里是愉悦的，因有绿茶为我醒目清脑；繁重烦乱的工作中，因有绿茶在我桌上，自觉少了许多浮躁之气；疲惫劳累之时，饮一口绿茶，沉重的四肢顿时轻松了；心情沮丧之时，饮一杯绿茶，凡俗杂念都随水流散了；北方春天的干风中，绿茶给我湿润的滋养；雪花飘落的黄昏，绿茶是温情的抚慰，一直暖到心底的。

酒要陈，茶要新，南方人喝茶，自然是最喜新厌旧的。因而每年一过清明，到了新茶上市时节，总有家人和朋友，急切地把新茶寄来。如果喝不上刚上市的龙井新茶，这一年的春天甚至这新的一年，就好像还没有真正开始。

许多许多年，在干燥的北方，绿茶日日呵护我的身心。

许多许多年，在遥远的异乡，绿茶伴我，我把家乡时时带在身边了。

所以，绿茶究竟具有怎样实用的功能，于我是不重要的。优美的茶道仅是茶文化的外表和仪式，对于我来说，似乎也用不着刻意而为。绿茶在我，是一种淡泊、一种娴静、一种清爽、一种平和。绿茶犹如涓涓细流，汇集成生命长河，点点滴滴穿透并消融着我长途跋涉中的心灵障碍；绿茶不会仅仅用来解除危难，绿茶是大自然给予人类的精神馈赠，也是人生的一种境界——你看那片片绿叶，只需一杯清水的呼唤，就将全部的汁液奉上并溶于水中，清清淡淡，安安静静，然而，清茶留齿，气定神闲，回味深长久远。

绿茶流淌在我的血液里，伴我一生——永远的绿茶。

【我与茶行】

1. 总结一下茶的成分及其功效。

2. 自己动手配制一款养生茶，请家人品尝并介绍其效果。

3. 根据本章相关内容（也可在网上另行搜集资料）与家人合作炒制一款茶看，一起品尝、评论一下其特色，拍照并上传至课程网站。

第八章　茶道修身

　　懂得了茶的真谛，品茶方有了闲趣。中国传统的主体由儒、佛、道三教精神及其影响组成，茶文化在三教精神共同影响与作用下，逐渐走向成熟，中国茶道是自然，是谦和，如山水，似晚霞，是美丽的哲学，形成中国茶道的"四谛"：和、静、怡、真。

【茶闻趣事】

黄山毛峰的传说

明朝天启年间，江南黟县新任县官熊开元带书童来黄山春游，迷了路，遇到一位斜挎竹篓的老和尚，便借宿于寺院中。长老泡茶敬客时，知县细看这茶叶色微黄，形似雀舌，身披白毫，沸水冲泡下去，只看热气绕碗边转了一圈，转到碗中心后就直线升腾，约有一尺高，然后在空中转一圆圈，化成一朵白莲花。那白莲花又慢慢上升化成一团云雾，最后散成一缕缕热气飘荡开来，幽香满室。知县问后方知此茶名叫黄山毛峰，临别时长老赠送此茶一包和黄山泉水一葫芦，并嘱一定要用此泉水冲泡才能出现白莲奇景。熊知县回县衙后正遇同窗旧友太平知县来访，便将冲泡黄山毛峰表演了一番。太平知县甚是惊喜，后来即到京城禀奏皇上，想献仙茶邀功请赏。皇帝传令进宫表演，然而不见白莲奇景出现，皇上大怒，太平知县

【186】

只得据实说道乃黟县知县熊开元所献。皇帝立即传令熊开元进宫受审，熊知县进宫后方知未用黄山泉水冲泡之故，讲明缘由后请求回黄山取水。熊知县来到黄山拜见长老，长老将山泉交予他。在皇帝面前再次冲泡玉杯中的黄山毛峰，果然出现了白莲奇观，皇帝看得眉开眼笑，便对熊知县说道："朕念你献茶有功，升你为江南巡抚，三日后就上任去吧。"熊知县心中感慨万端，暗忖道："黄山名茶尚且品质清高，何况为人呢？"于是脱下官服玉带，来到黄山云谷寺出家做了和尚，法名正志。如今在苍松入云、修竹夹道的云谷寺下的路旁，有一擗庵大师的墓塔遗址，相传就是正志和尚的坟墓。

茶道是烹茶饮茶的艺术，是一种以茶为媒的生活礼仪，也被认为是修身养性的一种方式，它通过沏茶、赏茶、闻茶、饮茶，增进友谊，美心修德，学习礼法，是很有益的一种和美仪式。喝茶能静心、静神，有助于陶冶情操、去除杂念，这与提倡"清静、恬淡"的东方哲学思想很合拍，也符合儒、佛、道的"内省修行"思想。茶道是茶文化的最高境界，是人生观、世界观在茶茗品饮中的体现。在中国，茶道的内涵与传统的儒、佛、道相融合，显示了中国茶文化的风貌。儒家以茶修德，佛家以茶修性，道家以茶修心，三家皆通过茶净化思想，纯洁心灵。中国茶道深沉、隽永，如果说源自中国的日本茶道、韩国茶礼是一种严格尊崇、极其讲究的终极宗教，那么，中国茶道应是一门包罗万象、顺乎自然的美丽哲学。

第一节　茶道的形成

茶的利用可追溯到中国上古神农氏时代，中国茶文化自此绵延而下，沿着历史的长河，流淌了数千年，最终形成东方文化中积淀厚重、天下独绝的中国茶道。茶道是一种文化，一门艺术，一种美学。喝茶有益，喝茶有礼，喝茶有道。茶的根在中国，茶文化的源在中国，最艳丽的茶道之花开在中国。

一、茶道源自远古的茶图腾信仰

"神农尝茶"的传说，虽然是有关茶的传说中的一种，但历代都是作为茶的源头载入史册的。神农相传上古时代的部落首领、农业始祖、中华药祖，史书还将他列为三皇之一，也有说即"炎帝"。至今，华夏民族自称为"炎黄子孙"，正是奉神农为民族始祖的传统信仰的遗韵。

据说，神农当年是在鄂西神农架中尝百草的。神农架是一片古老的山林，充满着神奇的气息，远古时代多种原始文化曾在这里交汇融合。在这片物产富饶、人文深蕴的土地上，至今还保留着一些原始宗教茶图腾的文化遗迹。其中最突出的如德昂族，这个以茶叶为祖先的古老民族，原称"崩龙"，他们在古歌中唱道："茶叶是崩龙的命脉，有崩龙的地方就有茶山；神奇的传说流到现在，崩龙人的身上还飘着茶叶的芳香。"

以茶为图腾的民族并非仅古崩龙人，许多古老民族都曾信奉过茶图腾，可说是古老民族的共同信仰。由于最早的"茶"是初民们赖以存活维系生命的充饥食物，又不懂生育奥秘，因而充满着原始思维的图腾意识和感恩之腾的初民们便产生了将"茶"视作是"给予生命的母亲"，从而形成茶图腾崇拜。其后代也因而将"茶"视为"祖先"，形成崇拜"茶"的原始宗教。远古的茶图腾信仰至今仍遗存在众多有关茶的神话和茶祭仪式（如"生、冠、婚、丧"的礼仪）之中。在南方许多地区都有这样的风俗：当有婴儿出生时，第一个来看望产妇的外人，俗称"踩生人"，进屋后，主人必须用双手端上一碗米花糖茶敬客，"踩生人"也须用双手接过茶喝下，民间认为这样能辟邪祈福。这种原始风俗意味着人一出生就得到茶图腾祖神的保护。在新生儿诞生第三日，俗称"三朝"，国内许多地区的习俗都要举办"吃原始煮茶"仪式，称为"三朝茶礼"。这是原始茶部落合族庆贺部落新生命到来的庆典遗韵。又如，丧事茶礼有陕西出殡前夕所举行的"三献礼"仪式：初献礼，进茶、进膳、进饼，读祝文，孝子伏地大哭等；稍事休息后行亚献礼，仪式同前，毕，奏曲唱戏；最后行终献礼，仪式同前。在这里，三献之首礼均为茶，充分体现了以茶为最高礼遇的茶图腾意识。

远古的茶图腾崇拜，由于是一种原始宗教，所以在人们表现出虔诚的狂热状态和执着追求生命"正道"的同时，必然还伴有某种深入持久而厚重的信仰、法度与礼仪，这些成为茶道的源泉。有着茶图腾的烙印及民族品格折射的茶道，是随着历史和文化的变迁，渐渐改变，慢慢形成的。

二、茶道的形成与发展

（一）中国茶道真正成熟于我国的唐代

中国人不轻易言道，在饮食、玩乐诸多活动中，能升华为"道"的只有茶道。"茶道"一词最早出现于唐代封演所著《封氏闻见记》，书中写道："楚人陆鸿渐为茶论，说茶之功效，并煎茶、炙茶之法。造茶具二十四事，以都统笼贮之，远近倾慕，好事者家藏一副。有常伯熊者，又因鸿渐之论广润色之，于是茶道大行，王公朝士无不饮者。"由此可见茶道始于唐代，至今已有1200多年的历史。陆羽创立了中国茶道之后，中国茶道经历了晚唐的补充、宋代的兴盛、明代的隽思、近代的坎坷及当代的复兴。

唐代茶道以文人为主要群体，许多文人以茶修道并有建树。陆羽的挚友诗僧释皎然在其《饮茶歌诮崔石使君》诗中写道："一饮涤昏寐，情思朗爽满天地。再饮清我神，忽如飞雨洒轻尘。三饮便得道，何须苦心破烦恼……"释皎然诗中的"茶道"是关于茶道的最早阐述。卢仝的《七碗茶诗》和钱起的《与赵莒茶宴》、温庭筠的《西陵道士茶歌》等诗，都说饮茶能让人"通仙灵""尘心洗尽"，羽化登仙，胜于炼丹服药。唐末刘贞亮的《茶十德》认为饮茶使人恭敬、有礼、仁爱、志雅，可行大道。

（二）与唐代茶道相比，宋代茶道走向多极

宋代文人茶道有炙茶、碾茶、罗茶、候汤、温盏、点茶过程，追求借茶励志的操守，淡泊清尚的气度。许多文人对饮茶之道和饮茶悟道有细腻入微的描述，如陆游《北岩采新茶，用忘怀录中法煎欣然忘病之未去也》一诗："细啜襟

灵爽，微吟齿颊香，归时更清绝，竹影踏斜阳。"四句二十字把饮新茶的口腔感觉和心理感觉表达得贴切入微。黄庭坚《阮郎归》一词中的"消滞思，解尘烦，金瓯雪浪翻。只愁啜罢水流天，余清搅夜眠"，十分精细地表现了饮茶后怡情悦志的感受。宫廷茶道则突出茶叶精美、茶艺精湛、礼仪繁缛、等级鲜明等特点，以教化民风为目的，致清导和为宗旨。宋徽宗赵佶《大观茶论》

说茶"祛襟涤滞，致清导和"，"冲淡简洁，韵高致静"，"天下之士，励志清白，竞为闲暇修索之玩"，这就是宫廷茶道有代表性的思想和精神追求。佛家则以"茶禅一味"悟茶道。径山茶宴是个典型例子：一群和尚办"茶宴"待客，僧徒围坐，边品茗边论佛，边议事边叙景，意畅心清，清静无为，茶佛一味，别有一番情趣。

（三）宋明时期是中国茶道发展的鼎盛时期

明代朱权改革传统茶道，"取烹茶之法，末茶之具，崇新改易，自成一家。"（《茶谱》）他晚年崇尚道家思想，认为茶发"自然之性"，饮者要"清心神""参造化""通仙灵"，追求秉于性灵、回归自然的境界。明末冯可宾在《芥茶笺》一书中讲"茶宜"十三个条件："无事、佳客、幽坐、吟咏、挥翰、徜徉、睡起、宿醒、清供、精舍、会心、赏鉴、文僮"；"茶忌"七条是："不如法、恶具、主客不韵、冠裳苛礼、荤肴杂陈、忙冗、壁间案头多恶趣"，反映了中国茶道以中国古代哲学为指导思想，以中国道德观念为追求目标。

（四）明清时代，茶道程序由复杂转为简单

明代茶道程序虽有所简化，但茶道仍强调水质、茶具、茶叶俱佳，并要"造时精，藏时燥，泡时洁。精、燥、洁，茶道尽矣"，还要重视饮茶环境，"饮茶以客少为贵，客众则喧，喧则雅趣乏矣。"（明代张源《茶录》）明末清初的杜濬在《茶喜》一诗的序言中则指出："夫予论茶四妙：曰湛、曰幽、曰灵、曰远，用以澡吾根器，美吾智意，改吾闻见，导吾杳冥。"所谓茶之四妙，是说茶艺具有四个美妙的特性，"湛"是指深湛、清湛，"幽"是指幽静、幽深，"灵"是指灵性、灵透，"远"是指深远、悠远。这四项都是品茶意境上的不同层面，是对茶道精神的一种概括。所谓"澡吾根器"是说品茶可以使自己的道德修

養更高尚，"美吾智意"是说可以使自己的学识智慧更完美，"改吾闻见"是说可以开阔和提高自己的视野，"导吾杳冥"则是使自己彻悟人生真谛进入一个空灵的仙境。这正是饮茶的社会功能，是茶人们所追求的目标。

（五）现代古茶道虽然衰微，却未失传

据《金陵野史》载，抗战之前，中国茶道专家夏自怡曾在金陵举行茶道集会，所用为四川蒙山野茶、野明前、狮峰明前等三种名茶，烹茶之水汲自雨花台第二泉，茶道过程有献茗、受茗、闻香、观色、尝味、反盏六项礼序。20世纪80年代以来，中国传统茶道又得到复兴和弘扬，出现了众多的流派。

第二节　茶道精神

茶道属于东方文化，东方文化与西方文化不同，它往往没有一个科学的、准确的定义，而要靠个人凭借自己的悟性用心去贴近它，理解它。

一、茶道的基本含义

中国文化中的"道"，本是指宇宙万物的本体及其运动的规律与准则。中国"茶道"的基本含义则是指以一定的环境气氛为基调，以品茶、置茶、烹茶、点茶为核心，以语言、动作、器具、装饰为体现，以饮茶过程中的思想和精神追求为内涵的，有关修身养性、学习礼仪和进行交际的综合文化活动与特有风俗。它是品茶约会的整套礼仪和个人修养的全面体现，具有一定的时代性和民族性，因而茶道涉及艺术、道德、哲学、宗教等各个方面。

作为茶文化核心内容的茶道，是一种产生于特定时代的综合性的文化形式，带有东方农业民族的生活气息和艺术情调，追求清雅，向往和谐；它基于儒家的治世机缘，倚于佛家的淡泊节操，洋溢着道家的浪漫理想，借品茗倡导清和、俭约、廉洁、求真、求美的高雅精神。茶文化与儒、佛、道的境界相互渗透，儒家之礼、佛家之养、道家之闲在茶文化活动的氛围中体现得淋漓尽致。

中国茶道虽然自古有之，但宗义色彩不浓，只是将儒、佛、道三家的思想融在一起，给人们留下了选择和发挥的余地，各层面的人从不同角度根据自己的情况和爱好选择不同的茶艺形式和思想内容，没有严格的组织形式和清规戒律。只是到了 20世纪 80 年代以后，随着茶文化热潮的兴起，许多人觉得应该对中国的茶道精神加以总结，专家们见仁见智，对"茶道"做出了丰富多彩的解释。

"当代茶圣"吴觉农先生认为：茶道是把茶视为珍贵、高尚的饮料，饮茶是一种精神上的享受，是一种艺术，或是一种修身养性的手段。他把茶道作为一种精神境界上的追求，一种具有教化功能的艺术审美享受。

浙江农业大学茶学专家庄晚芳先生认为：茶道是一种通过饮茶的方式，对人民进行礼法教育、道德修养的一种仪式。庄晚芳先生还归纳出中国茶道的基本精神：廉、美、和、敬，其基本内容是：廉俭育德、美真廉乐、合诚处世、敬爱为人。

陈香白先生认为：中国茶道包含茶艺、茶德、茶礼、茶理、茶情、茶学说、茶导引七种义理，中国茶道精神的核心是"和"。中国茶道就是通过茶事过程，引导个体在美的享受中走向完成品格修养以实现全人类和谐安乐之道。陈香白先生的茶道理论可简称为"七义一心"论。

周作人先生则说得比较随意，他对茶道的理解为：茶道的意思，用平凡的话来说，可以称作为忙里偷闲，苦中作乐，在不完全现实中享受一点美与和谐，在刹那间体会永久。

茶道学者金刚石提出：茶道是表现茶赋予人的一种生活方向或方法，也是指明人们在品茶过程中懂得的道理或理由。

台湾学者刘汉介先生提出：所谓茶道是指品茗的方法与意境。

在博大精深的中国茶文化中，茶道是核心，是一种以茶为媒的生活礼仪，是一种修身养性的方式。若想领会更多的茶道内涵，那么"吃茶去"！

二、茶道的基本精神

台湾中华茶艺协会第二届大会通过的茶艺基本精神是"清、敬、怡、真"。"清"是指清洁、清廉、清静、清寂。茶艺的真谛不仅要求事物外表之清，更需要心境清寂、宁静、明廉、知耻。"敬"是万物之本，敬乃尊重他人，对己谨慎。"怡"是欢乐怡悦。"真"是真理之真，真知之真。饮茶的真谛，在于启发智慧与良知，使人在生活中淡泊明志、俭德行事，臻于真、善、美的境界。

中国国际茶文化研究会常务理事林治先生则认为，中国茶道的四谛为"和、静、怡、真"。"和"是中国茶道哲学思想的核心，是茶道的灵魂。"静"是中国茶道修习的不二法门。"怡"是中国茶道修习实践中的心灵感受。"真"是中国茶道终极追求。这种提法具有鲜明的时代特点，备受推崇。

（一）和——中国茶道哲学思想的核心

"和"是中国茶道哲学思想的核心，是儒、佛、道三教共通的哲学理念，包括伦理之和，美学之和，养生之和。茶道追求的"和"源于《周易》中的"保合大和"。"保合大和"的意思指世界万物皆由阴阳两要素构成，阴阳协调，保全大和之元气以普利万物才是人间真道。陆羽在《茶经》中对此论述得很明白。惜墨如金的陆羽不惜用 250 个字来描述它设计的风炉。指出，风炉用铁铸从"金"；放置在地上从"土"；炉中烧的木炭从"木"；木炭燃烧从"火"；风炉上煮的茶汤从"水"。煮茶的过程就是金木水火土相生相克并达到和谐平衡的过程。可见五行调和等理念是茶道的哲学基础。

以哲学范畴的"和"为基础，儒、佛、道三家对茶道中的"和"，各有自己的理解与诠释。

1. 儒家从"大和"的哲学理念中推出"中庸之道"的中和思想。在儒家眼里，"和"是中，"和"是度，"和"是宜，"和"是当，"和"是一切恰到好处，无过亦无不及。在情与理上，"和"表现为理性的节制，而非情感的放纵；在举止行为上，"和"表现为适可而止，食无求饱，

居无求安，"敏于事而慎于言"；在人与自然的关系上，"和"表现为亲和自然、保护自然，反对竭泽而渔；在人与社会及人与人的关系上，"和"表现为"礼之用，和为贵"，提倡和衷共济，敬爱为人。儒家对"和"的诠释，在茶事活动中表现得淋漓尽致。一个"和"字是茶事活动的宗旨。泽庵在《茶亭之记》中写道："此所谓赏天地自然之和气，移山川石木于炉边，五行具备也，没有天地之流，品风味于口，可谓大矣，以天地之和气为乐，乃茶道之道也。"

2. 佛家提倡人民修习"中道妙理"。《杂阿含经卷九》中佛陀说"汝当平等修习摄受，莫执着，莫放逸"，这是中和的哲学理念。《无量经》中说："父子兄弟夫妇，家室内外亲属，当相敬爱，无相憎嫉，有无相通，无得贪惜，言色常和，莫相违戾。"这是和诚处世的伦理。佛教僧团内部强调六和敬，即"身和同住、口和无诤、意和同悦、戒和同修、见和同解、利和同均"。这是佛祖为整个僧团立下的修行清规，也是佛教僧众以和为贵、追求和谐的修行实践。在茶道中，佛教的"和"最突出的表现是"茶禅一味"。茶道是中国本土文化，佛教是外来文化。佛教文化与中土茶道文化相融合后，形成了"茶禅一味"这僧俗共赏的新文化。"茶禅一味"充分体现了中国茶道在文化方面海纳百川的包容精神。

3. 道家从"和"这一哲学范畴引申出"天人合一"的理念。老子认为天地万物都包含阴阳两个因素，生是阴阳之和，道是阴阳之变；人与自然万物本为一体，应具有亲和之感。茶道蕴含的道家精神，更直接的是对自然之趣的追求。朱权《茶谱》说："然天地生物，各遂其性，莫若叶茶，烹而啜之，以遂其自然之性也。"体现出淡泊无为的思想与自然主义，在大自然的环境中饮自然之茶，并在饮茶中寻求对自然的回归。道家还从哲学之"和"演绎出养生之"和"。他们认为茶是由金木水火土五行相生相克、达到调和而成的天地之间的灵物，在发现茶叶的药用价值时，也注意到茶叶的平和特性，可令人"致清导和"。茶道养生中的"导和"，是强调个体生命的自由兴现、自在自得，心于万物中悠游，契合无间。品茶应无所束缚，无所滞碍，以彻底的审美情调和艺术精神在品茶过程中吮吸生生之气，体验人生乐趣，感受人与天地万物豁然贯通的无尚快慰，从而达到养生健体，益寿延年。

儒、佛、道三家之所以在茶道中都以"和"为哲学基础，是因为三教都力图把深奥的哲理溶解在淡淡的一杯茶中，使人们在日常的平凡生活琐事中去感悟人生大道。历代茶人也都以"和"作为一种襟怀，一种气度，一种境界，在品茗中不断修习，细细体悟，不懈地追寻自我，超越自我，完善人格。

（二）静——中国茶道修习的必由途径

"静"是中国茶道修习的必由之径。中国茶道正是通过茶事，创造和平宁静的氛围和虚静的心境，与大自然融涵玄会，达到天人合一的天乐境界。

中国茶道是修身养性，追寻自我之道。如何从小小的茶壶中去体悟宇宙的奥秘？如何从淡淡的茶汤中去品味人生？如何在茶事活动中明心见性？如何通过茶道的修习来昭雪精神，锻炼人格，超越自我？答案只有一个——静。

老子说："至虚极，守静笃，万物并作，吾以观其复。夫物芸芸，各复归其根。归根曰静，是谓复命。"庄子说："水静则明烛须眉，平中准，大匠取法焉。水静伏明，而况精神。圣人之心，静，天地之鉴也，万物之镜。"老子

和庄子所启示的"虚静观复法"是人们明心见性，洞察自然，反观自我，体悟道德的无上妙法。中国茶道正是通过茶事创造一种宁静的氛围和一个空灵虚静的心境。当茶的清香静静地浸润你的心田和肺腑的每一个角落的时候，你的心灵便在虚静中显得空明，你的精神便在虚静中升华净化，你将在虚静

品茶图

中与大自然融涵玄会，达到天人合一的天乐境界。得一静字，便可洞察万物、道通天地、思如风云，心中常乐。

儒家、佛家也有相似的主张。宋代大儒程颢说得明白："万物静观皆自得，四时佳兴与人同。道通天地有形外，思入风云变态中。"（《秋日偶成》）中国古代许多士大夫们都有在茶中静品得趣的感悟和体

验，"静试却如湖上雪，对尝兼忆刻中人"（林逋《尝茶次寄越僧灵皎》）一类的诗句不胜枚举。而佛家的"禅茶一味"中"禅"的梵语直译成汉语就是"静虚"之意，指专心一意，成思冥想，排除一切干扰，以静坐的方式去领悟佛法真谛。

儒、佛、道三家不仅都认为体道悟道离不开静，而且还都认为艺术的创作和欣赏也离不开静。苏东坡"欲令诗语妙，无厌空且静，静故了群动，空故纳万境"这首充满哲理玄机的诗，合于诗道，也合于茶道。古往今来，无论羽士还是高僧或儒生，都殊途同归地把"静"作为茶道修习的必经大道，因为静则明，静则虚，静可虚怀若谷，静可内敛含藏，静可洞察明澈，体道入微，可以说"欲达茶道通玄境，除却静字无妙法"。

（三）怡——中国茶道修习实践中的心灵感受

"怡"是指中国茶道修习过程中茶人的身心享受。"怡"者，和悦、愉快、心旷神怡之意。怡目悦口的直觉感受，怡心悦意的审美领悟，怡神悦志的精神升华。

中国茶道是雅俗共赏之道，它体现于平常的日常生活之中，不讲形式，不拘一格，突出体现了道家"自恣以适己"的随意性。同时，不同地位、不同信仰、不同文化层次的人对茶道有不同的追求。历史上王公贵族讲茶道，他们重在"茶之珍"，意在炫耀权势，夸示富贵，附庸风雅。文人学士讲茶道重在"茶之韵"，托物寄怀，激扬文思，交朋结友。佛家讲茶道重在"茶之德"，意在去困提神，参禅悟道，见性成佛。道家讲茶道，重在"茶之功"，意在品茗养生，保生尽年，羽化成仙。普通老百姓讲茶道，重在"茶之味"，意在去腥除腻，涤烦解渴，享受人生。无论什么人都可以在茶事活动中取得生理上的快感和精神上的畅适。

参与中国茶道，可抚琴歌舞，可吟诗作画，可观月赏花，可论经对弈，可独对山水，亦可以翠娥捧瓯，可潜心读《易》，亦可置酒助兴。儒生可"怡情悦性"，羽士可"怡情养生"，僧人可"怡然自得"。中国茶道的这种怡悦性，使得它有极广泛的群众基础，这种怡悦性也正是中国茶道区别于强调"清寂"的日本茶道的根本标志之一。

（四）真——中国茶道的终极追求

"真"是中国茶道的终极追求。中国人不轻易言"道"，而一旦论道，则必执着于"道"，追求于"真"。"真"是中国茶道的起点，也是中国茶道的终极追求。

中国茶道追求的"真"有四重含义。

1. 追求物之真：即茶应是真茶、真香、真味；环境最好是真山真水；挂的字画最好是名家名人的真迹；用的器具最好是真竹、真木、真陶、真瓷。

2. 追求情之真：即对人要真心，敬客要真情，说话要真诚，通过品茗述怀，使茶友之间的真情得以发展，达到茶人之间互见真心的境界。

3. 追求性之真：即在品茗过程中，心境要真闲，要真正放松自己，在无我的境界中去放飞自己的心灵，放牧自己的天性，达到"全性葆真"、返璞归真。

4. 追求道之真：即通过茶事活动追求对"道"的真切体悟，达到修身养性，品味人生之目的。

精行修德论茶道，中国人有中国人的特质，而中国人的饮茶方式及内涵亦有传统的精神。在泡茶时，表现为"酸甜苦涩调太和，掌握迟速量适中"的中庸之美，在待客时表现为"奉茶为礼尊长者，备茶浓意表浓情"的明礼之伦，在饮茶过程中表现为"饮罢佳茗方知深，赞叹此乃草中英"的谦和之礼，在品茗的环境与心境方面表现为"普事故雅去虚华，宁静致远隐沉毅"的俭德之行。这些属于中华民族文化的行谊，自有其成为中国茶道的文化背景。

第三节　茶道与儒释道

中国茶道是以饮茶为契机的综合文化体系，融会了中国传统文化组成部分的儒、佛、道三家文化的思想精华。中国儒、佛、道各家都有自己的茶道流派，其形成与价值取向不尽相同。儒家以茶励志，沟通人际关系，积极入世；佛教在茶宴中伴以青灯孤寂，意在明心见性；道家茗饮寻求空灵虚静，避世超尘。

一、茶道与儒学

以孔孟为代表的儒家思想，构成了儒家以中庸为核心的思想体系，并形成影响人类文化数千年的东方文化圈，当今包括全世界华人、华裔、日本、韩国及东南亚诸国都从儒学中寻找真理。而中国茶文化也多方面体现了儒家中庸之温、良、恭、谦、让的精神，并寓修身、齐家、治国、平天下的伟大哲理于品茗活动中。可以说，中国茶道思想的主体是儒家思想。

随着世界人口增长和工业技术进步，人与自然、人与人之间便不断产生矛盾与冲突，在寻求解决人类之间矛盾冲突的办法时，东方人多以儒家中庸思想为指导，清醒、理智、平和、互相沟通、相互理解；在解决人与自然冲突时则强调"天人合一""五行协调"。儒家这些思想在中国茶俗中有充分体现。历史上，四川茶馆有一个重要功能，就是调解纠纷。某某之间产生分歧，在法律制度不够健全的旧中国，往往通过当地有威望的族长、士绅及德高望重的文化人进行调解，这在四川称"吃茶"。调解的地点就在茶楼之中。有趣的是，通过各自陈述、争辩，最后输理者付茶钱，如果不分输赢，则各付一半茶钱。这种"吃茶评理"之俗延展到全国各地。

机械唯物论认为，水火不相容。但被儒家推为五经之首的《周易》认为，水火完全背离是"未济"卦，什么事情都办不成，水火交融才是成功的条件，叫"既济"卦。茶圣陆羽根据这个理论创制的八卦煮茶风炉就运用了《易经》中三个卦象：坎、离、巽，来说明煮茶中包含的自然和谐的原理。因为，"坎"在八卦中为水，"巽"代表风，"离"在八卦中代表火。在风炉三足间设三空，于炉内设三格，一格书"翟"（火鸟），绘"离"的卦形；一格书"坎"，绘坎卦图样；另一格书"彪"（风兽）绘巽卦。总的意思表示风能兴火，火能煮水，并在炉足上写"坎上巽下离于中，体均五行去百疾"。中国茶道在这里把儒家思想体现得淋漓尽致。

此外，儒学认为天地人文都在情感理
性群体和谐相处之中。"体用不二"，"体不
高于用"，"道即在伦常日用、工商稼耕之
中"，在自然界生生不息的运动之中，人有
艰辛，也有快乐，一切顺其自然，诚心诚
意对待生活，不必超越时空去追求灵魂不
朽。"反身而诚，乐莫大焉"，这就是说，合于天性，合于自然，穷神达化，
你便可在日常生活中得到快乐，达到人生极致。我国茶道中清新、自然、达
观、热情、包容的精神，即是儒家思想最鲜明、充分、客观而实际的表达。

"以茶可雅志"，贯穿着儒家的人格思想。儒家心目中的理想人格，概而
言之，就是修身为本、修己爱人、自省慎独、自尊尊人、敬业乐群的君子人
格，旨在建立一个有文化修养的高度文明的"优雅社会"。"以茶可雅志"中
的"雅志"两字，"雅"指文明、教养、高尚、美好、正当，"志"指人格精
神趋向于一个较恒定的、具有真正价值的目标，是对抗人性异化的精神柱石，
若失志，人就变成非人，这是儒家的共识。"以茶可雅志"是从茶文化这种文
化形态的视角来理解人生本身，这正是儒家思想的深刻反映。茶人的"雅志"，
固然有清高的意味，但更多的是表示它的高雅品格，这正是儒家的理想人格。
儒家在茶性与人性契合点上的认识是深刻的。"洁性不可污，为饮涤尘烦"（韦
应物《喜园中茶生》），视茶为高雅的象征。"岂知
君子有常德……不改旧时香味色"（欧阳修《双井
茶》），也是借茶表示人对雅志的追求。

儒家茶文化代表着中庸、和谐、积极入世的
儒家精神。"以茶可行道"，实质上就是指中庸之
道。因为无论"以茶利礼仁"，"以茶表敬意"，还
是"以茶可雅志"，都是为"以茶行道"开路。儒
家的中庸思想在孔子和后代儒家那里，占有极其重要的位置。概而言之，"中"，
也就是适度，什么时候该做什么就做什么，"庸"可视为合情合理，因此，中

庸之道，乃是修身之道，是处世做人的态度与方法。"喜怒哀乐之未发，谓之中；发而皆中节，谓之和。中也者，天下之大本也；和也者，天下之达道也。致中和，天地位焉，万物育焉"（孔子《中庸》第一章），此中的情与理，要求合情合理，不走极端，保持"中道"，以达致"和"的状态。茶道以"和"为最高境界，也说明茶人对儒家和谐或中和哲学的深刻把握。

中国茶道中，处处贯彻着和谐精神，无论煮茶法、点茶法、泡茶法，都讲究"精华均分"。好的东西，共同创造，也共同享受。儒家思想要求我们不偏不倚地看待世界，把"中庸"和"仁礼"思想引入中国茶道，主张在饮茶中沟通思想，创造和谐气氛，增进彼此的友情。

二、茶道与佛教

佛教创立于古印度，约在两汉之际传入中国。作为外来文化，当时被宫廷、贵族用来祈福、祈寿、求多子多孙或保国家安宁。佛人饮茶最早是在晋朝。南北朝时，佛教被统治者用来麻醉老百姓。作为统治术，此后历代皇朝都乐于利用，佛教因此发展，并出现不同学派体系。佛教禅宗主张圆通，能与其他传统文化相协调，从而使唐代茶文化得以迅猛发展，并使饮茶之风在全国流行至今。佛教在茶中融进"清静"思想，茶人希望通过饮茶把自己与

山水、自然融为一体，在饮茶中美好的韵律、精神开释。在茶中得到精神寄托也是一种"悟"，说饮茶可得道，茶中有道，佛与茶便联结起来。中国"茶道"二字首先由禅僧提出，这便把饮茶从技艺提高到精神的高度。在我

国的唐宋时期，佛教盛行，寺必有茶，教必有茶，禅必有茶；特别是在南方寺庙，几乎出现了庙庙种茶，无僧不茶的嗜茶风尚。佛教认为：茶有三德，即"坐禅时通夜不眠，满腹时帮助消化，茶且不发"。有助佛规，这也许是佛教倡茶的原因之一。佛寺常兴办大型茶宴，在茶宴上，要谈佛经与茶道，并赋诗，把佛教清规、饮茶谈经与佛学哲理、人生观念都融为一体，开辟了

茶文化的新途径。

　　到了宋代，受程朱理学从小事出发去挖掘真理的思维方式的影响，饮茶风尚中便少了一些富贵堂皇，多了一些书卷气，侧重于陶冶情操。对茶的风格有了更深一层的思考，认为茶具有一种理性的灵光，赋予茶凝重端庄的人格。《东坡志林》卷十记载了司马光与苏轼之间的一段与茶有关的理性思考。司马温公（光）曰："茶与墨正相反，茶欲白，墨欲黑，茶欲重，墨欲轻，茶欲新，墨欲陈。"苏轼："二物之质诚然矣，然亦有同者。"公曰："何谓？"轼曰："奇茶妙墨皆香，是其德同也；皆坚，是其操同也。譬如贤人君子，妍丑黔皙之不同，其德操蕴藏，实无以异。"公笑以为是。曾几《东轩小室记事》："烹茗破碎镜，柱香玩诗编……闻无用心处，参此如参禅。"可见，当时的文人将饮茶、写诗与参禅相提并论。

　　中国茶道几乎汲取了佛禅思想中的一切精华。茶道与禅宗几乎不可分。茶在禅门中的发展，由特殊功能到以茶敬客，乃至形成一整套庄重严肃的茶礼仪式，最后成为禅事活动中不可分割的一部分，最深层的原因在于观念的一致性，即茶的性质与禅悟本身融为一体，以茶助禅，以禅助茶，"转相仿效，遂成风俗"。茶禅一味的内在原因即为修炼身心，具体有三个原因：首先，茶是佛寺相沿已久的传统食品，茶崇拜意识早已成为僧人们内在血液里的成分；其次，茶是佛寺生活中最普遍、最频繁使用的饮料，僧人们因而对茶有一种与生命相连的亲切感；最后，茶的清新醒脑作用，是佛僧坐禅的最佳依赖和帮助。茶本身的生命启示及清高静寂的品性特征无不暗含或揭示禅机，能表达"禅"的妙境。

　　佛教寺院不仅对茶叶的栽培、焙制有独特技术，而且十分讲究饮茶之道。寺院内设有"茶堂"，是专供禅僧辩论佛理、招待施主、品尝香茶的地方；法堂内的"茶鼓"是召集众僧饮茶所击的鼓。另外寺院还专设"茶头"，专管烧水煮茶，献茶待客；并在寺门前派"施茶僧"数名，施惠茶水。寺院中的茶叶，称作"寺院茶"，一般用途有三：供佛、待客、自奉。据《蛮瓯志》

载，觉林院的僧人待客以中等茶、自奉以下等茶、供佛以上等茶。"寺院茶"按照佛教规矩有不少名目，每日在佛前、堂前、灵前供奉茶汤，称作"奠茶"；按照受戒年限的先后饮茶，称作"戒腊茶"；化缘乞食得来的茶，称作"化茶"等。生活中的所有事情都与学佛、信佛挂钩，以求对佛的尊敬和学佛的长进，而饮茶也当然地列入了这一范畴。我国的不少佛门圣地、名山寺庙都种有茶树，僧人自采自制，饮茶念佛，修身养性，高龄僧人无数，究其长寿原因，与长期饮茶有关系。

三、茶道与道家

道学鼻祖老子是我国古代最伟大的哲学家、思想家。他的传世之作《道德经》第四十二章指出："道生一、一生二、二生三、三生万物。万物负阴而抱阳，冲气以为和。"这是老子的宇宙观本体论，是至今为止哲学家们表述宇宙生化过程的最简明、最深刻、最生动也最完美的公式，揭示了宇宙之道德根本规律，是中国古代哲学之精髓。陆羽著《茶经》创茶道时，吸收了老子思想之精华，把"天人合一"的理念融入了茶理之中，中国茶道吸收道家的哲学思想，树立起了茶道的灵魂，道家的思想理念对中国茶道产生了积极的影响。

除此之外，道家对茶道的影响还主要表现在尊人、贵生、坐忘、无己、道法自然及返璞归真等方面。

（一）尊人

老子在《道德经》第二十五章说："故道大、天大、地大、人亦大。域中有四大，而人居其一焉。"在中国茶道中，尊人的思想在表现形式上常见于对茶具的命名以及对茶的认识上。茶人们习惯于把有托盘的盖杯称为"三才杯"。杯托为

"地"，杯盖为"天"，杯子为"人"，意思是天大、地大、人更大。如果连杯子、托盘、杯盖一同端起来品茗，这种拿杯手法称为"三才合一"；如果仅用杯子喝茶，而杯托、杯盖都放在茶桌上，这种手法称为"唯我独尊"。对茶的认识上，古人认为茶是天涵之、地栽之、人育之的灵芽。对于茶，天地有涵

栽之功而人有培育之功，人的功劳最大。道家"尊人"的思想对茶人品格的影响表现为："四大之中，而人居其一，此人之所以可尊、可贵、可重，以至无可比量者在此。"所以茶人之为人，宜自尊其尊、自贵其贵、自重其重、自大其大，处处事事表现出自爱自信的精神。

（二）贵生

《列子·天瑞篇》中讲："天生万物，唯人为贵。"庄子讲："来世不可待，往事不可追。"在道家贵生思想的影响下，中国茶道提倡茶人不可迷惑于往世来生之说，只有把握今生今世才是最可靠的。在道家贵生、养生、乐生思想的影响下，中国茶道特别注重"茶之功"，即注重茶的保健养生的功能，以及怡情养性的功能。道家品茶不讲究太多的规矩，而是从养生贵生的目的出发，以茶来助长功行内力。如马钰的一首《长思仁·茶》中写道："一枪茶，二枪茶，休献机心名利家，无眠未作差。无为茶，自然茶，天赐休心与道家，无眠功行加。"可见，道家饮茶与世俗热心于名利的人品茶不同，贪图功利名禄的人饮茶会失眠，这表明他们的精神境界太差。而茶是天赐给道家的琼浆仙露，饮了茶更有精神，不嗜睡就更能体道悟道，增添功力和道行。

（三）坐忘

"坐忘"是道家为了要在茶道达到"至虚极，守静笃"的境界而提出的致静法门。如老子《道德经》云："致虚极，守静笃，万物并作，吾以观其复。夫物芸芸，各复归其根。归根曰静，是谓复命，复命曰常，知常曰明。不知常，妄作，凶。"《庄子》也说："水静伏明，而况精神。圣人之心，静，天地之鉴也，万物之镜。"老庄都认为致虚、守静达到极点，即可观察到世间万物成长之后各自复归其根底。复归其根底则曰静，静即生命之复原。水静能映照万物，精神进入虚静的状态，就能洞察一切，圣人之心如果达到这种境界，就可以像明镜一样，反映世间万物的真实面目。因此道家特别重视"入静"，将它视为一种功夫，也视为一种修养。茶作为一种文化现象，历来为文人雅士所喜爱，是因为茶淡泊、清纯、自然、朴实的品格与他们所追求的淡泊、宁静、节俭、谦和的道德观念相一致。从历代文人的煎茶咏茶的高雅意境中，我们不难悟出他们清静无为地追求品饮中所蕴含的"超凡脱俗"的神韵，自觉地遵循返璞归真的茶艺茶规。这一切无不洋溢着道家的气韵，无不闪烁着道教文化的色彩。这正是文人雅士受道教文化的深远影响和潜移默化的熏陶所致。受老子思想的影响，中国茶道把"静"视为"四谛"之一。如何使自己在品茗时心境达到"一私不留、一尘不染，一妄不存"的空灵境界呢？道家也为茶道提供了入静的法门，这称之为"坐忘"，即，忘掉自己的肉身，忘掉自己的聪明。茶道提倡人与自然的相互沟通，融化物我之间的界限，以及"涤除玄鉴""澄心味象"的审美观照，这些均可通过"坐忘"来实现。

（四）无己

道家不拘名教，纯任自然，旷达逍遥的处世态度也是中国茶道的处世之道。道家所说的"无己"就是茶道中追求的"无我"。无我，并非从肉体上消灭自我，而是从精神上泯灭物我的对立，达到契合自然、心纳万物。"无我"是中国茶道对心境的最高追求，近几年来台湾海峡两岸茶人频频联合举办国际"无我"茶会，正是对"无我"境界的一种有益尝试。

（五）道法自然、返璞归真

老子在《道德经》中说："人法地、地法天、天法道、道法自然。"即人类与天、地、道一样在宇宙四大中居一席之地，就必须顺应自然规律。中国茶道强调"道法自然"，包含了物质、行为、精神三个层次。物质方面，中国茶道认为：茶是大自然恩赐的"珍木灵芽"，在种茶、采茶、制茶时必须顺应大自然的规律才能产出好茶。行为方面，中国茶道讲究在茶事活动中，一切要以自然为美，一切要以朴实为美，动则如行云流水，静则如山岳磐石，笑则如春花自开，言则如山泉吟诉，一举手，一投足，一颦一笑都应发自自然，任由心性，毫不弄巧造作。精神方面，道法自然，返璞归真，表现为自己的心性得到完全解放，使自己的心境清静、恬淡、寂寞、无为，使自己的心灵随茶香弥漫，仿佛与宇宙融合，升华到"无我"的境界。

第四节　外国茶道

茶是世界三大饮料之一，世界上许多饮茶国家都与茶文化有着千丝万缕的联系。全球性的文化交流，使茶文化传播到世界，同各国人民的生活方式、风土人情，以至宗教意识相融合，呈现出五彩缤纷的世界各民族饮茶习俗。

一、日本茶道

茶原本不是日本的产物，茶传到日本的契机，是因为遣唐使与留学生从中国将茶带回日本而开始，在那时茶还是以药用或宗教仪式为主。到了宋代，日本开始种植茶树，制造茶叶。但一直到明代，才真正形成独具特色的日本茶道。

日本茶道源于中国，却具有日本民族特点。它有自己的形成、发展过程和特有的内涵。日本茶道是在"日常茶饭事"的基础上发展起来的，将日常生活行为与宗教、哲学、伦理和美学熔为一炉，成为一门综合性的文化艺术活动。它不仅仅是物质享受，而且通过茶会，学习茶礼，陶冶性情，培养人的审美观和道德观念。

唐代时，中国的茶传入日本。805年，从中国留学归来的最澄带回了茶籽，种在了日吉神社的旁边，成为日本最古老的茶园。与最澄从中国同船回国的弘法大师空海，也将中国饮茶的生活习惯带回日本。815年，嵯峨天皇巡幸近江国，过崇福寺，大僧都永忠亲自煎茶供奉，给天皇留下深刻的印象。于是，天皇令在畿内、近江、丹波、播磨各国种植茶树，每年都要上贡。在宫廷也开辟茶园，设立早茶所，开启了日本古代茶文化的黄金时代，学术界称之为

"弘仁茶风"。无论从形式上还是精神上，可以说是完全照搬《茶经》。这是日本茶道史上的初创时期。

镰仓时代，日本从宋朝学习饮茶方法，并把茶当作一种救世灵药在寺院利用。到室町时代，受宋元点茶道的影响，模仿宋朝的"斗茶"，出现具有游艺性的斗茶热潮，饮茶成为一种娱乐活动，在新兴的武士阶层、官员、有钱人中流行。在第八代将军足利义政建造的东山殿建筑群中，有一个著名的同仁斋。同仁斋的地面是用榻榻米铺满的，一共用了四张半。这个四张半榻榻米的面积，成为后来日本茶室的标准面积。全室榻榻米的建筑设计，为日本茶道的茶礼形成起了决定性的作用。日本把这种建筑设计称作"书院式建筑"，把在这样的"书院式建筑"里进行的茶文化活动称作"书院茶"。书院茶是在书院式建筑里进行，主客都跪坐，主人在客人前庄重地为客人点茶的茶会。没有品茶比赛的内容，也没有奖品，茶室里绝对安静，主客问茶简明扼要，一扫室町斗茶的杂乱、拜物的风气。日本茶道的点茶程序在书院茶时代基本确定下来。书院式建筑的产生使进口的唐宋艺术品与日本式房室融合在一起，并且使立式的禅院茶礼变成了纯日本式的跪坐茶礼。书院茶将外来的中国文化与日本文化结合在一起，在日本茶道史上占有重要的地位。

室町时代末期，茶道在日本获得了异常迅速的发展。日本茶道的鼻祖村田珠光（1423—1502），将禅宗思想引入茶道，形成了独特的草庵茶风，完成了茶与禅、民间茶与贵族茶的结合，提出"谨、敬、清、寂"的茶道精神，从而将日本茶文化真正上升到了"道"的层次。后来，日本茶道宗师武野绍鸥（1502—1555）承前启后，将日本的歌道理论中表现日本民族特有的素淡、纯净、典雅的思想导入茶道，对珠光的茶道进行了补充和完善，使日本茶道进一步民族化、正规化。

在日本历史上真正把喝茶提高到艺术水平上的则是千利休（1522—1592）。他明确提出"和、敬、清、寂"为日本茶道的基本精神，要求人们通过茶室中的饮茶进行自我思想反省，彼此思想沟通，于清寂之中去掉自己内心的尘垢和彼此的芥蒂，以达到和敬的目的。"和、敬、清、寂"被称为日本"茶道四规"。"和、敬"是处理人际关系的准则，通过饮茶做到和睦相处、互相尊敬，以调节人际关系；"清、寂"是指环境气氛，要以幽雅清静的环境和古朴的陈设，造成一种空灵静寂的意境，给人以熏陶。但日本茶道的宗教（特别是禅宗）色彩很浓，并形成严密的组织形式。它是通过非常严格、复杂甚至到了烦琐程度的表演程式来实现"茶道四规"的，较为缺乏宽松、自由的氛围。

日本茶道必须遵照规则来进行喝茶活动，而茶道的精神，就蕴含在这些看起来烦琐的喝茶程序之中。进入茶道部，有身穿朴素和服，举止文雅的女茶师礼貌地迎上前来，简短地解说：进入茶室前，必须经过一小段自然景观区，这是为了使茶客在进入茶室前，先静下心来，除去一切凡尘杂念，使身心完全融入自然。开宗明义的一番话，就能领略到了正宗茶道的不凡。然后在茶室门外的一个水缸里用一长柄的水瓢盛水，洗手，再将水徐徐送入口中漱口，目的是将体内外的凡尘洗净，然后把一个干净的手绢，放入前胸衣襟内，再取一把小折扇，插在身后的腰带上，稍静下心后，便进入茶室。日本的茶室，面积一般以置放四叠半榻榻米为度，小巧雅致，结构紧凑，以便于宾主倾心交谈。茶室分为床间、客、点前、炉踏等专门区域。室内设置壁龛、地炉和各式木窗，右侧布"水屋"，供备放煮水、沏茶、品茶的器具和清洁用具。床间挂名人字画，其旁悬竹制花瓶，瓶中插花，插花品种和旁边的饰物，视四季而有不同，但必须和季节时令相配。每次茶道举行时，主人必先在茶室的活动格子门外跪迎宾客，虽然进入茶室后，强调不分尊卑，但头一位进茶室的必然是来宾中的一位首席宾客（称为正客），其他客人则随后入室。来宾入室后，宾主相互鞠躬致礼，主客面对而坐，而正客须坐于主人上手（即左边）。这时主人即去"水屋"取风炉、茶釜、水注、白炭等器物，而客人可欣赏茶室内的陈设布置及字画、鲜花等装饰。主人取器物回茶室后，跪于榻榻米上生火煮水，并从香盒中取出少许香点燃。在风炉上煮水期间、主人要再次至水屋忙碌，这时众宾客则可自由在茶室前的花园中散步。待主人备齐所有茶道器具时，这时水也将要煮沸了、宾客们再重新进入茶室、茶道仪式才正式开始。主人一般在敬茶前，要先品尝一下甜点心，大概是为避免空肚喝茶伤胃，而且抹茶可能会比较苦，先品尝一下点心，可以避免抹茶的苦涩。敬茶时，主人用左手掌托碗、右手五指持碗边、跪地后举起茶碗，恭送至正客前。待正客饮茶后，余下宾客才能一一依次传饮。饮时可每人一口轮流品饮，也可各人饮一碗，饮毕将茶碗递回给主人。主人随后可从里侧门内退出，煮茶，或让客人自由交谈。在正宗日本茶道里，是绝不允许谈论金钱、政治等世俗话题的，更不能用来谈生意，多是些有关自然的话题。

日本茶道讲究"四规七则"。"四规"也是日本茶道的基本精神，即"和、敬、清、寂"。和，就是和悦、和谐、和平；敬，就是心灵单纯、诚实，主人和客人在品茶交流时互敬互爱、融为一体；清，是讲环境和心灵都要干净、清静，心无邪念；寂，是指品茶的茶室或庭院要有典雅、寂静的氛围。"七则"是指茶要有浓、薄之分并提前准备好；炭要提前准备好，注意火候；茶室的温度提前调节好；室内要准备好插花，是新采摘的野花；时间要订好并要遵守；雨天要备有雨伞；主人要将客人放在心上，自始至终招待好客人。

二、朝鲜茶道（韩国茶礼）

朝鲜李朝时期，前期的 15、16 世纪，受明朝茶文化的影响，饮茶之风颇为盛行，散茶壶泡法和撮泡法流行朝鲜。始于新罗统一，兴于高丽时期的韩国茶礼，随着茶礼器具及技艺的发展，茶礼的形式被固定下来，更趋完备。

韩国的茶道精神是以新罗时代的高僧元晓大师和和静思想为源头，后成为统一新罗的花郎道的和白思想，又汇聚为高丽时代诗人大学者李奎报的集大成，最终在朝鲜时代的高僧西山大师和 18 世纪末 19 世纪初韩国的茶圣草衣禅师那里得到完整的体系。草衣禅师的《东茶颂》和《荣神传》是韩国茶人公认的茶经。在理解韩国的茶道精神之前，首先要理解新罗时代的花郎道精神。花郎是国家选招 18 岁以下的年轻人才，让他们从自然、文武各个方面得到系统的教育。花郎道使高句丽、百济、新罗三国中最小的新罗兴旺，最后统一三国，所以提到新罗统一三国时少不了提到花郎道精神，那么花郎精神是什么？在金富轼的《三国史记》中写道："他们注重和合忠节的品德，尊重名誉，心高气正，对自然山川草木有无尽的向往和热爱。"新罗的花郎把儒、佛、仙三教的优点结合于远游山川而使身心得到锻炼。把身心结合于饮茶，而使人体会得到其精神。现在凡是花郎的古迹就能发现与茶有关的石头茶具和有关文物。特别是花郎戒律的发起者元晓大师甚至达到了和静会通、自得通道的境界。元晓大师的茶禅一体、茶禅一味的思想成为和静思想。他不是单纯的和合精神，而是与自然浑然一体：发叶结果，又回到根上，即回到寂的根源，而寂的根源就是静。元晓大师的和静思想就是韩国茶道精神的根源。

韩国从新罗时代开始就有茶文化，成为韩国传统文化的一部分。韩国茶礼"和、敬、俭、美"的基本精神，体现了心地善良、以礼待人、俭朴廉政和以诚相待。

韩国定于每年 5 月 25 日为茶日，年年举行茶文化祝祭。其主要内容有韩国茶道协会的传统茶礼表演，韩国茶人联合会的成人茶礼和高丽五行茶礼以及流行的新罗茶礼，陆羽品茶汤法等。

成人茶礼是韩国茶日的重要活动之一。韩国自古以来就以"礼仪之邦"著称，家庭、社会生活的各个方面都非常重视礼节。礼仪教育是韩国用儒家传统教化民众的一个重要方面，如冠礼（成人）教育，就是培养即将步入社会的青年人的社会义务感和责任感。成人茶礼是通过茶礼仪式，对刚满20岁的少男少女进行传统文化和礼仪教育，其程序是司会主持、成人者、赞者同时入场，会长献烛，副会长献花，冠礼者（即成人者）进场向父母致礼，向宾客致礼，司会致成年祝辞，进行献茶式，冠礼者合掌致答辞，冠礼者再拜父母，父母答礼。冠礼者一共13人，其中女性8人，男性5人。

高丽五行茶礼气势宏伟，规模更大，展现的是向茶圣炎帝神农氏神位献茶仪式。唐代陆羽著有《茶经》，被人称为茶圣、茶神。韩国则把中国上古时代的部落首领炎帝神农称作茶圣。古代传说中神农日遇七十二毒，得茶而解之。神农是发现茶、利用茶的先行者，高丽五行茶礼是韩国为纪念神农氏而编排出来的一种献茶仪式，是高丽茶礼中的功德祭。

高丽五行茶礼中的五行是东方的一种哲学，五行包括五行茶道（献茶、进茶、饮茶、吃茶、饮福），五方（东、南、西、北、中），五色（青、白、赤、黑、黄），五味（甘、酸、苦、辛、咸），五行（土、木、火、金、水），五常（信、仁、义、礼、智），五行茶（黄茶、绿茶、红茶、白茶、黑茶）。

五行茶礼是韩国国家级的进茶仪式。所有参与茶礼的人都要遵循严谨有序的入场顺序，一次参与者多达五十余人。入场式开始，由茶礼主祭人进行题为"天、地、人、和"合一的茶礼诗朗诵。这时，身着灰、黄、黑、白短装，分别举着红、蓝、白、黄，并持绘有图案旗帜的四名旗官进场，站立于场内四角。随后依次是两名身着蓝、紫两色宫廷服饰的执事人，高举着圣火（太阳火）的两名男士，两名手持宝剑的武士入场。执事人入场互相致礼后分立两旁，武士入场要作剑术表演。接着是两名中年女子持红、蓝两色蜡烛进场献烛，两名女子献香，两名梳长辫、着淡黄上装红色长裙的少女手捧着青瓷花瓶进场，另有两名献花女则将两大把艳丽的鲜花插入青花瓷瓶。

这时，"五行茶礼行者"共十名妇女始进场。皆身着白色短上衣，穿红、黄、蓝、白、黑各色长裙，头发梳理成各式发型均盘于头上，成两列坐于两边，用置于茶盘中的茶壶、茶盅、茶碗等茶具表演沏茶。沏茶毕，全体分两行站立，分别手捧青、赤、白、黑、黄各色的茶碗向炎帝神农氏神位献茶。献茶时，由五行献礼祭坛的祭主，一名身着华贵套装的女子宣读祭文。祭奠神位毕，即由十名五行茶礼行者向各位来宾进茶并献茶食。最后由祭主宣布高丽五行茶礼祭礼毕，这时四方旗官退场，整个茶祭结束。高丽五行茶献茶礼，反映出高丽茶法、宇宙真理和五行哲理，是一种茶道礼，是高丽时代茶文化的再现。茶礼全过程充满了诗情画意和民族风情。

韩国与中国自古关系密切，中国儒家的礼制思想对韩国影响很大。儒家的中庸思想被引入韩国茶礼之中，形成"中正"精神。创建"中正"精神的是草衣禅师张意恂（1786—1866）。他在《东茶颂》里提倡"中正"的茶礼精神，指的是茶人在凡事上不可过度也不可不及的意思。也就是劝人要有自知之明，不可过度虚荣，知识浅薄却到处炫耀自己，什么也没有却假装拥有很多。人的性情暴躁或偏激也不合中正精神。所以中正精神应在一个人的人格形成中成为最重要的因素，从而使消极的生活方式变成积极的生活方式，使悲观的生活态度变成乐观的生活态度，这种人才能称得上是茶人。

韩国茶礼的宗旨是"和、敬、俭、真"。"和"是要求人们心地善良，和平共处，互相帮助，帮助别人。"敬"是要尊敬他人，以礼待人。"俭"是俭朴清廉，提倡朴素的生活。"真"是真心诚意，以诚待人。这一宗旨折射了朝鲜民族积极乐观的生活态度。由此亦可见，韩国的茶礼精神就是茶道精神。

【茶博士】

茶道六君子

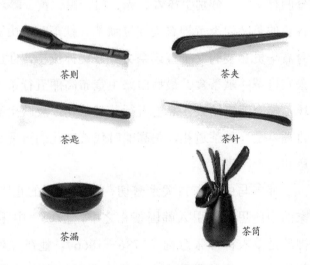

茶道六君子指的是茶筒、茶则、茶匙、茶漏、茶夹、茶针。

茶筒：是盛放茶艺用品的器皿，即茶器筒。

茶则：是从茶罐中量取茶叶的用具，可在装茶叶的同时让大家欣赏茶叶外观。

茶匙：是把茶叶从茶荷中拨到茶壶的用具。

茶漏：是放到壶口便于把茶从茶荷中放入壶中的器具。

茶夹：用来夹品茗杯，方便且卫生。因为一般品茗杯需要用开水消毒，正好用茶夹取出。

茶针：一个细长的针状物体，当茶壶被茶叶堵塞时用来疏浚壶嘴，方便茶水流出。

【故乡的茶】

和竞香茗
——青岛市黄岛区职教中心手工制茶

和竞香茗是青岛市黄岛区职教中心制茶专业学生自学校茶园采摘茶青，根据工艺的不同，分别手工炒制而成的绿茶、红茶。因学校"和竞弘道"校园文化，故名"和竞香茗"。与其他绿茶相比，和竞香茗绿茶的特点是：叶厚汁浓，耐冲泡，色黄亮，味醇和，回味甘甜，豌豆香清香四溢。

采茶于每年清明前后至谷雨时节，以一芽一叶为主，从茶树新梢上摘取芽叶。

炒茶第一道工序是杀青。炒前要把锅壁磨光洗净，涂上茶油。锅温控制在 120～140℃，每锅投鲜叶 400～500 克。刚下锅时，双手均匀翻炒，以焖为主。当感到叶子烫手时，翻炒加快，以抛为主。当叶质柔软，叶色变暗，清香扑鼻时，就要进行整形。整形结束，茶叶取出放入簸箕内摊晾。半小时后，进入烘干环节。茶叶烘干后要进行脱毫，脱毫就是去除茶叶上的细微绒毛。将茶叶再次倒入锅中，采用低温翻炒，直到茶叶由白色变为褐色时，停止翻炒，稍经冷却即可包装。

在"2013 年全国职业院校技能大赛中职组'云雾贡茶杯'手工制茶比赛"中，黄岛区职教中心勇夺手工卷曲绿茶金牌，手工卷曲绿茶、手工扁平绿茶三枚银牌。

在 2014 年"第八届都匀毛尖茶文化节暨'都匀毛尖杯'全国手工制茶大赛"中，黄岛区职教中心获得手工卷曲绿茶一个一等奖，一个优秀奖。

在"2015 年全国职业院校技能大赛中职组手工制茶比

赛"中，黄岛区职教中心一举夺得手工红茶金牌一枚、铜牌一枚；同时获得手工卷曲绿茶两个二等奖、一个三等奖；手工扁平绿茶一个二等奖、一个三等奖。

【茶语人生】

一片茶叶

林清玄

抓一把茶叶丢在壶里，从壶口流出了金黄色的液体，喝茶的时候我突然想到：这杯茶的每一滴水，是那一把茶叶中的每一片所释放出来的。

我们喝茶的人，从来不会去分辨每一片茶叶，常常忘记一壶茶是由一片一片的茶叶所组成的。在一壶茶里，每一片茶叶都不重要，因为少了一片，仍然是一壶茶。但是，每一片茶叶也都非常的重要，因为每一滴水的芬芳，都有每一片茶叶的本质。

布施不就是这样吗？布施，犹如加一片茶到一大壶茶里，少了我这一片，看似不影响茶的味道；其实不然，丢进我这一片，整壶茶就有了我的芳香。虽然我施的很小，也会充满每一滴水。

我们应以茶叶为师，最好的茶叶需要五六斤茶青才能制成一斤茶，而每一片茶都是泡在壶里才能还原、才能温润、才有作为茶叶的生命的意义。

我们也一样，要经过许多岁月的涮洗才能锻炼我们的芬芳，而且只有在奉献时，我们才有了人的温润，有生命的意义。一片茶叶丢到壶里就被遗忘了，喝的人在喜欢一壶茶的时候并不会去单独赞叹一片茶叶。一片茶叶是不求世间名誉的，这就是以清净的心去施，不求功德，不求福报，只是尽心尽意地奉献自己的芳香。

　　一壶好茶，是每一片茶叶共同创造的净土。说珍惜世界，先学习在社会这壶茶里，做一片茶叶！

　　当我们这样想时，喝茶的时候就特别能品味其中的清香。

【我与茶行】

　　1．比较一下中国茶道与日本茶道、朝鲜茶道有何区别？

　　2．谈一谈自己对茶道的认识，将自己的见解传至课程网站与同学们进行交流探讨。